シャッター通り再生計画

明日からはじめる活性化の極意

Motohiro Adachi
足立基浩 著

ミネルヴァ書房

はじめに

二〇〇九年一〇月二二日、和歌山県田辺市。ここで、第一三回全国商店街サミットが開催された。全国から合計三〇〇人を超す大会参加者。筆者はコーディネーターを務めた。大会のメインテーマは、「商店街、いりますか?」である。

現在、シャッター通りと呼ばれる中心市街地などの商店街が増え、約一万二〇〇〇ある全国の商店街も、一年間に約二〇〇が消滅しているという。商店街の空き店舗率も六・八七％（一九九五年）から八・九八％（二〇〇六年）へと上昇している。地域によっては五〇％の空き店舗率を超える場所もざらにある。

今回のサミットで話し合われたのは、「商店街の役割」である。街の個性でもある商店街、そこはコミュニティ形成の場所でもあり、何ともいえない愛着のある場所であったはずだ。それが、毎年恐ろしい勢いで消えてゆく。後継ぎがいないと嘆く商店主。一方で、意外にも子ども達に自分の商店を継げとはいえない商店主の現実。

郊外型店舗は、確かに消費者の人気を集めている。しかし、その多くは現時点において赤字に陥っており、数年後には撤退するかもしれない。借地経営も多く、「持続性」の保証が地域にはない。実際に撤退した大型店舗の跡地もあちこちに散見されてきている。

経済的な論理が優先されるべきか、地域のコミュニティの場として存続が優先されるべきか。そして、中心市街地などの商店街を再生させるにはどうしたらよいのか。これは実は、「郵便局は必要ですか」、「市民病院は必要ですか」という問いと同じ論理の上にある。

この切実な問題に、一定の処方箋を示すのが本書の役目である。

結論を先取りすると、シャッター通り化という現実は、「地域商業空間の様々な機能・役割」という概念を無視して行きすぎた市場原則を推し進めたことと、商業空間の観光地としての価値を軽視しすぎた結果でもある。このことの反省に立った「地域空間を考慮したシステムづくり（空間経済学）」は、二〇〇八年に経済地理学者のポール・クルーグマンがノーベル賞を受賞したことからにわかに注目されるようになった。

つまり、シャッター通り再生のために毎年一兆円ほどの政策的補助金を投入しながら、その一方でシャッター通りを生み出す原因ともなっている郊外型店舗の規制を緩和して好き放題に出店を許してきた政策、言い換えれば、場所や空間、産業、地域に必要な様々な機能の概念をあまり考慮せずに規制緩和を実施した結果が、今のシャッター通りを生んだといってよい。そして、補助金で活性化したと思われる中心市街地は一割にも満たなかった。

衰退が加速したのは、「シャッターがシャッターを呼ぶ」という負の連鎖の結果であり、一度シャッター通りのイメージが街にできると、なかなかそこから這い上がれない現実がある。むしろ、中心市街地のシャッター通りという意味で、一種の個性ができあがってしまうほどである。しかし、社会制度が類似しており、郊外型店舗も多く存在するイギリスでは、シャッター通りを見かけることは皆無に近い。

筆者がこの問題に関心をもったきっかけは、イギリスの中心市街地商店街の元気な現実を見てからである。イギリスを訪れるごとに、地理や制度的要因などの点でさほど変わらない日本の商店街も、再生ができるとの確信をもつようになった。明けない夜はないのである。

これからのまちづくりには、市民一人ひとりが街の個性を再発見し、また地域のもっている魅力を最大限発揮できるような考え方が期待される。しかし、この当たり前のことができていない街があまりに多い。それは、理論、政策、実践のそれぞれに現実との多くの乖離があるからだ。また、まちづくりの分野の書物には事例集は多いものの、その事例がどのように自分の地域で役に立つのかについては、今一つピンとこないものが多いということもある。
そんな中で、科学的にものを考え、類型化し、実行できる「再生計画」が必要と考え、大げさながら『シャッター通り再生計画』というタイトルを本書に名づけた。

本書は、第1章から第3章までの前半で、まちづくりの現状とその再生についての手法や理論を紹介している。第4章から第6章までの後半では、成功例のみならず再生策の失敗例の紹介、また筆者が実際に取り組んできたいくつかの再生手法の紹介を行っている。そして第7章は、本書のまとめとともに、シャッター通り再生計画を軌道に乗せるための六つの要素を提示している。読者の皆さんには必ずしもこの順番通りではなく、ご自身の関心のある部分から読み進めていただければ幸いである。

二〇〇九年の衆議院議員選挙では自民党が破れ、民主党による政権交代が実現した。二〇一〇年の夏には参議院議員選挙も実施される。こうした時代の変化の中で、今後、日本特有のこのシャッター通り再生策をどのように打ち出していくのか、市民の注目するところである。
本書を、商店街関係者はもちろん、行政関係者、各種商工団体、経済団体をはじめ、まちづくりに携わる方々や学生諸氏にお読みいただけたら幸いである。単なる事例集ではなく、まちづくりをもっと科学的に勉強してみたい、まちづくりに関する経済学や経営学の理論を勉強したい、そして、自分の住む街に活気を取り戻したいと切に願う方々に応えられればと思い執筆した。筆者なりに重要なヒントをまとめたつもりなので、何らかの形で役立てば大変ありがたい。

二〇〇九年一一月

足立　基浩

『シャッター通り再生計画──明日からはじめる活性化の極意』　目次

はじめに

第1章　シャッター通りという地方の現実
──街の魅力はどこに忘れてきたのか……1

1　まちづくりに本当に必要なことは何か　2
シャッター通り再生計画の成功と失敗のわかれ目／個性あるまちづくりに向けて

2　シャッター通り再生のための三つのキーワード　6
なぜ三つのSが必要か／
エリア・マーケティングのすすめ──リスク管理のための状況診断とは／
なぜ海外ではシャッター通り化が起きないのか／今、何が一番求められているのか

3　本書の構成　14

第2章　まちづくり関連法というシステム
――シャッター通り化を進めた原因は何か……19

1　まちづくり関連法の変遷　20
（1）旧まちづくり三法の両義性　21
（2）旧まちづくり三法の効果　22
2　旧まちづくり三法の中心市街地活性化への効果　23
（1）公示地価、人口変化　24
（2）中心市街地の商業労働人口の変化　25
（3）中心市街地観光客数の変化　26
（4）旧まちづくり三法の逆効果　27
3　旧まちづくり三法施行以降に失われた価値　28
（1）加速するシャッター化　28
（2）数字に見る失われた景観価値　30
4　新しいまちづくり三法の誕生　31

5　個性・再生が成功の鍵　33

第3章　シャッター通り再生への視点
　　――三つのSとはどのようなものか……37

1　第一のS・地域性重視の個性創造――センチメンタル価値を活かす　39
海外の都市論と街の個性／日本の街の個性

2　第二のS・状況診断――地域のカルテをつくる　46
（1）地域診断①　SWOT分析　47
（2）地域診断②　地域の遺伝子分類　48
地域遺伝子①　人口規模／地域遺伝子②　大都市との近接性／地域遺伝子③　観光都市としての可能性／地域遺伝子④　郊外型店舗の影響／街ごとのタイプ別活性化戦略

3　第三のS・リスク管理――価値を有する選択肢をもつ　56
（1）リアルオプション　56
ステップ①　上昇・下落のケースを考えよう／ステップ②　現在の価値に戻そう／

ステップ③ リスク中立の確率を用いて最終的な価値を計算しよう
（2）「一・四二億円」のオプション価値がもつ意味　63
（3）オプションを考えたシャッター通り再生計画　64
（4）中心市街地再生プロジェクトのオプション価値はいくらか　65
（5）リアルオプションの政策評価に対する応用　67
4　シャッター通り再生への活性化策の種類　69
5　着実に段階を踏んで再生へ向かう　71

第4章　シャッター通り再生のための具体策
──何を選べば顧客は集まるのか

──何を選べば顧客は集まるのか……77
1　シャッター通り再生策を評価する　78
2　政策の効果を比較する　81
（1）施策効果の指標　82
（2）政策の魅力度を調べる　86
集客に関する効果／経済効果に対する認識評価／

効果があるかないかを判断する総合指標の作成／事業予算指標／
シャッター通り対策として評価の高い「物産販売」
3 推奨できる施策とは 91

第5章 シャッター通り再生に成功した街
――四つの再生手法をどう自分の街に使うか……93

1 シャッター通り再生のための四つの手法 95
コンバージョン型再生／再開発型再生／現状維持型再生／行政主導型再生
2 コンバージョン型再生――街並みを変えよう 98
（1）大分県豊後高田市のケース――二〇〇一年以降日帰り観光客増大 98
昭和レトロの街並み／オプション的な発想をしながら、市民を巻き込んでの再生／
農商連携の可能性／徹底した個性創造による再生
（2）滋賀県長浜市のケース――観光客が二〇年で二〇倍に 103
株式会社黒壁の誕生／新しい個性価値の創造／街のマーケティング
（3）コンバージョン型再生策は、小規模な大都市周辺の街が最も効果的 107

3 再開発型再生――新しい街に生まれ変わる 110
（1）香川県高松市のケース――まちづくり会社による土地活用 110
中心市街地問題＝土地問題としての理解／定期借地制度と土地利用の高度化／定期借地制度の課題／郊外型店舗に対する広域的施策の欠如／郊外型店舗の問題点／行政の役割
（2）再開発型再生策は、やや規模の大きい遠隔地の街で可能 118
4 現状維持型再生――ソフトで勝負 120
（1）青森県八戸市のケース――市場《いちば》という個性 120
市場的趣きの街／八戸ブランドの再構築
（2）宮城県旧鳴子町のケース――個性のネットワーク化への試み 123
観光客数減少阻止大作戦／一店逸品運動との連携／「湯治」に賭けた街と今後の方向性
（3）石川県金沢市のケース――条例を活用した古さと新しさの共存 127
集客数の下げ止まり／金沢二一世紀美術館／四〇年にわたり街並みを守り続ける条例／市民目線の制度化／郊外型大型店舗も規制／新旧混合のメリハリ
（4）現状維持型再生策は、遠隔地にある小規模な街に向いている 134
5 行政主導型再生――大掛かりな仕掛けをつくる 139

（1）福島県福島市のケース――大学誘致による賑わい創出　139
自治体による強力な財政支援／中心市街地への福島学院大学の誘致／福島市の住宅政策
（2）石川県輪島市のケース――空港整備がもたらす効果　143
空港建設の先を見据えたまちづくり／輪島の朝市への能登半島地震の影響／
千枚田のふるさと保存制度
（3）行政主導型再生策は、遠隔地、非観光型の街に向いている　147
6　再生策の失敗例　148
失敗例①　空き店舗をとりあえず埋めようとした／
失敗例②　顧客側のアクセスしやすさを考慮しなかった／
失敗例③　利便性だけを追求してしまった／
失敗例④　IT技術を用いることが目的になった／共通する失敗要因は何か
7　今後の政策立案に向けて　152
第6章　シャッター通り再生への挑戦
――どう動けば街に活気をもたらせるのか……155

1　回遊性事業に賭けてのスタート　156
地方であり都市である難しさ／中心市街地活性化基本計画改訂版によるターゲット設定
2　カフェＷｉｔｈの試み　159
和歌山大学の学生や市民ボランティアが立ち上がる／公共空間価値は一五〇〇万円／
街中への回遊性の効果／顧客アンケートで明らかになった課題／
空き店舗を「公共化」する「19ドリームズ」企画／
公共性の高い空き店舗対策としてのレンタルカフェ／
コミュニティ・ビジネスとしてのカフェＷｉｔｈ／地元企業との共催を具体化／
ぶらくり丁商店街の再生
3　「センチメンタル・和歌山」キャンペーンの効果　171
4　明日から、はじめませんか　177
第7章　シャッター通りを抜けた先へ
――六つの要素をどう組み立てて街を蘇らせるか……179
1　シャッター通りの今後　181

2　シャッター通り再生のための六つの要素　184
（1）「ひと（組織）」――意思決定は少人数で、関わる人は多く　184
（2）「再生策」――保全型のセンチメンタル式で　187
（3）「カネ」――資金集め、企画の立案は市民で　188
望ましい補助金の形態／基金・証券化
（4）「土地」問題――賃貸借が自由な仕組みの構築へ　192
（5）「情報発信」――地元のメディアと協力しよう　194
（6）「街の空間デザイン」――無理に店舗を埋めず、使わない空間はアートで　195
3　シャッター通りを通り抜ける道筋　197
おわりに
参考文献

第1章　シャッター通りという地方の現実
——街の魅力はどこに忘れてきたのか

1　まちづくりに本当に必要なことは何か

◇シャッター通り再生計画の成功と失敗のわかれ目

本書の掲げるシャッター通り再生計画とはどのようなものか。具体的には、何をどのように変えればよいのか。

これまでの研究や調査を振り返って強く感じるのは、今までのまちづくりは様々な面で「リスク最小化の原則」に依拠してきたという問題である。行政などを含めて、まちづくりが失敗した場合を恐れるあまり、いわゆる無難なまちづくりが繰り返しどこでも実施され、その結果として金太郎飴のような街の出現が繰り返されたのである。リスク最小化の原則とは、次のような法則の蔓延を意味する。

①「コンサルに計画素案作成を頼む」の法則
②「何がやりたいのではなく、補助金を使い切らねばならない」の法則
③「その結果、『とりあえず、何かやっておく』」の法則

どこかの真似をすれば、前例があるので無難であり、何も活性化策を行っていない訳ではないという事実だけは確かに残る。

本書のシャッター通り再生計画とは、この「リスク最小化の原則」から、「リスク中立化＝個性最大化（リスクを適度に管理する）の原則」への移行を意味する。中立化という意味は、綿密な計画を立てた上でリスクにこだわらずに施策に取り組む姿勢ということである。

つまり、これからのまちづくりには個性的なまちづくりが求められるが、これには勇気が必要なのである。勇気、つまり、リスクを受け入れた上で施策を実行することで、今の閉塞状況から脱却できるものと確信している。その好例が、黒壁といわれる街並みで有名な観光まちづくりを成功させた滋賀県長浜市のまちづくり組織であり、昭和レトロをモチーフに観光客獲得に成功した大分県豊後高田市である。ただし、どちらもリスク管理は徹底的に行っている。まとめると、この発想のもとではまちづくりは次のようになる。

①個性的なまちづくりを行う（地域性重視の個性創造、本書では特にこれをセンチメンタル価値と呼ぶ）
②明確な状況診断を行う（ＳＷＯＴ分析などを駆使する）
③リスクを緻密に計算する（リスク回避のためにオプション（選択肢）を用意する）

④その地域にふさわしい政策手段を選ぶ（手法の妥当性を重視する）

個性的なまちづくりにはリスクを伴うが、そのリスクはある程度コントロールすることで最小化できるのである。その手法の紹介こそが本書の目的であり、これが最終的には計画的まちづくりにつながることになる。

◇個性あるまちづくりに向けて

これまでのリスク最小化原則により街の個性が失われ、観光客を呼べなくなってしまった中心市街地が増えている。本書で定義する個性とは、日本中の街が遺伝子のように持ち合わせた街の個性であり、心理的なものでもある。人それぞれに異なる才能・特徴が存在するように、街にもそういった有形・無形の個性的な価値が存在する。その個性の維持こそが、中心市街地や商店街の一つの存在根拠ともなる。この点について、日本建築学会（二〇〇五年）では、次のように述べられている。

> 長い時間によって生み出された景観や暮らしが色濃く息づいているのは、都市の中心市街地である。逆に、都市が均質化してしまえば、あるいは均質化した空間にあっては、

ひとは自分の位置を確認することができなくなる。都市の均質化とは、都市が記憶を喪失することに他ならない。そうした空間では、ひとびとはこころの休まる場所を失う。不安になるばかりである。

（日本建築学会編『中心市街地活性化とまちづくり会社』丸善、二〇〇五年、一七頁）

例えば、中心市街地で長年続いたお祭り、伝統的文化財、駅の風景、川の流れ。街の個性は様々だが、それらはその地域に住む人々の地元への「愛着心」に反映されるはずである。その愛着心を、本書では「センチメンタル価値」と呼ぶ。長年住んだ家を住み替えることに抵抗を覚える人は多い。また、「マイカップ」と呼ばれる毎日使う自分専用のコップは、たとえ古くなってその利用価値が低下しても、自分にとっては大きな価値を有している。プライベート（個人的）な愛着心のことを「私的価値」と呼び、このような愛着心が広く全体に及ぶもの、例えば、街のシンボル的な建物に対する愛着心のことを「公的価値」と表現することにしよう。その時、特に後者の「公的価値」のもつ機能を重視し、個性を活かすようなまちづくりを本書では提言している。つまり、個性は、地域性、伝統、文化などに依存するので、この重要性を今一度確認し、その裏づけをもとに様々な街の個性を残す、もしくは取り戻す作業こそが、今必要とされているまちづくりなのである。この根底には、「街のことをよく知っているのは住民であり、その住民が最も愛着を抱く文化や伝統といった対象こそが、普遍的な価値を有していて、アイデンティティや個性を形成する」との考えがある。そして、外部からの観光客なども街それぞれがもつ懐かしさという価値を共有できるのである。

こうして、地域性重視の個性創造（Sentimental）、状況診断（Survey）、リスク管理（Security）が本書を貫くキーワードといえる。本書では、これらのローマ字の頭文字をとって三つのSと呼ぶ。

2　シャッター通り再生のための三つのキーワード

◇なぜ三つのSが必要か

まちづくりの研究対象範囲はきわめて広い。既存の多くの書籍では都市計画、経済政策、都市経営、法学、地理学などのツールを用いて様々な視座から分析がなされてきた。本書は、特に経済学と経営学の視点からまちづくり、都市再生を考えるものである。そして筆者がここ数年調査をする中で、現場にとって最も大切なものと強く感じたのが、この「三つのS」の視点であった。それはまちづくりの最終目標を「価値の増大化」とし、地域の特色を活かした個性的な価値の創造（第一のS＝センチメンタル価値）の増大を目指す、そのためには地域の実情に合った状況診断（第二のS＝サーベイ）が必要であり、また変化の絶えない経済環境の中でのリスク管理（第三のS＝セキュリティ）を考えるというものである。この三つのSの視点が重要だと考えるのは、筆者がこれまで訪れた国内三〇〇以上の調査対象地での経験による。

見方を変えてこれまでの街の再生の失敗例をいくつか挙げると、テーマパーク型のまちづくりを標榜して失敗した街や、アーケード修復、ポイントカード発行による商店街への経済効果、空き店舗対策など、どこにでもあるような活性化策を実行して個性を失った街、別の街の成功例をそのまま真似してみたためにうまくいかなかった街などである。箱物ばかりつくりすぎて財政が破綻してしまった街もある。

皆さんも旅行先の駅前で、コンビニエンスストアと消費者金融の営業所、そして駐車場だらけになってしまった街に出会ったことがあるだろう。テーマパーク型を標榜した街は、明らかに第三のSであるリスク管理（セキュリティ）が甘かった。どこにでもあるような活性化策を実施して活性化すらしなかった街は、第一のSである「個性（センチメンタル価値）」の保全・創出戦略を欠いていた。また、他の街の成功例をそのまま真似しようとして失敗した街は、第二のSである状況判断が甘かったのだ。

まちづくりや都市再生は複雑であるためになかなかわかりにくい。そのため多くの場合、ケーススタディ、事例紹介の範囲で議論されることが多かった。本書では、自分の街に適用できるよう、再生手法とその事例の理論化・類型化を試みている。

◇エリア・マーケティングのすすめ――リスク管理のための状況診断とは

ここでは、第二のSである状況診断の重要性を指摘したい。状況診断とは、具体的には「街の類型化（地域遺伝子による分類）の必要性」、「現状診断としてのSWOT分析（自分の街を取り巻く外的要因である機会、脅威、内的要因である強み、弱みを自己診断する手法）」、「オプション的発想（一つではなく複数の選択肢を想定しながら、物事を進めていくという考え方）」などを本書では挙げている。類型化の必要性には、「自らの街が参考にしたい街が、類似した街でなければ意味がない」という背景がある。つまり、街の成功例を綿密に類型化して、自分の街に最も相応しい街を探す必要がある。

本書におけるそれぞれの街の分類方法は、人口規模（二〇万人以上か未満か）、大都市近郊か僻遠《へきえん》部か、観光都市として魅力発信ができるか否かの三つを組み合わせた八種類の分類である。その上で、地域の自己診断法としてSWOT分析を紹介している。

しかし、分類や自己診断ができても、どのような手法をどのようなタイミングで利用したらよいのかということが、切実な問題なのではないか。そこで、金融工学から派生した「リアルオプション法」という方法を紹介している。これは、再生の段階で生じる経済環境の変化を事前に予測し、各種オプションを残しながら事業を進めるという考え方である。街の再生に柔軟なものの見方をもたらすことができるので、再生の現実的な手法として再開発型再生や街並み再生（景観構造を活かした形の再生で、コンバージョン型再生と呼ばれる）などを行う場合には、念頭に入れた方がよい概念といえる。実際に様々な政策上のオプション価値の計算手法が開発されており、多分野での応用事例が報告されている。

一般に、地方都市を再生するリスクは大きい。そこで、リスクを最小化しながら事業に取り組むことは再生への絶対条件である。様々な状況変化に対応した都市経営こそが、リアルオプション法なのである。近年批判の多い金融工学ではあるが、大切なのはどのように使うかという目的の明確化である。

◇なぜ海外ではシャッター通り化が起きないのか

海外の一般的な都市再生の哲学をイギリスのケースをもとに考えてみる。イギリスには、郊外型店舗は存在するものの、中心部の商店街がシャッター通り化しているケースは皆無に等しい。中心部の駐車場も有料であるにもかかわらず、特に週末は人であふれている。

そんなイギリスの景観保全手法は、外観は基本的に街並みに合わせ、中身を替えていくというやり方を取っている。そもそも、「美的感覚」は時代を超えて共有される。昔ながらの美しい建築物は今でも生きている。そうした「今でも通じる街並み」に、現代の内的な便利さが加わり、街を魅力的なものにしているのだ。イギリスは、ロンドン中心街のリージェント・ストリートやオックスフォードサーカスなどに代表されるように、こうした街並みを活かしながらさらにいい街をつくるということがなされている。これがシャッター通り再生策の一つであるコンバージョン型再生策である。

このように、イギリスには市民の愛着の高いものが歴史的に街に存在するという、古きものを大切にする傾向があるが、それを守り育てることは街の「持続可能性」にも通ずるとの考え方がある。この点について、川村・小門（一九九五年）は、イギリスの金融街・シティの歴史的建造物の保存事例を紹介し、次のように述べている。

ロンドンのシティは世界の金融の中心として栄えている。イギリスが経常収支の赤字に悩む頃、かなりの部分をシティの収入で補填したといわれる。八〇年代金融の国際化が進み世界各国の銀行・証券の業容拡大・進出ラッシュにわいた。オフィススペースが不足したが、シティはかたくなに増床を認めなかった。歴史的建造物保存のため、旧いビルは高層近代建築に立て替えることが許されず、屋内の改装により新規需要・インテリジェント化に対処した。今なお、町のアイデンティティは保たれ、大英帝国の佇まいを残している。

（川村健一・小門裕幸『サステイナブル・コミュニティ』学芸出版社、一九九五年、一九五頁）

イギリスでは、ロンドンの世界的金融街ですら街並み保存の対象となっていることには驚かされる。いわゆる現代的な利便性のみでまちづくりがなされていない、「時間・空間を横断するような価値」を重視するイギリスの懐の深さがうかがえる。今後の日本が目指す街の姿も、イギリスのような広い意味での街の価値を再発見して育てるという作業に、学ぶところは多いはずだ。

なお、イギリスではメージャー政権末期の一九九四年から、包括的単一補助金（Single Regeneration Budget、ＳＲＢ）という制度が導入されている。二〇〇四年に日本で導入されたまちづくり交付金制度（利用目的の制限が緩和されているため、使い勝手がよく、自治体から人気がある）のモデルともなった制度である。この制度を利用して様々な都市再生が実施されてきたが、中でも注目に値するのは、中心市街地活性化事業と郊外開発の両立を図ったイングランド北部にあるシェフィールド市の事例である。ここでは、大規模な資金を投入して、伝統ある中心市街地と中心地から五キロほど離れた超大型郊外型小売店舗「メドウホール」とを公共交通のＬＲＴ（Light Rail Transit、路面電車）で結び、中心市街地の商業施設の売り上げが伸びたという成果を挙げている。

その成功の秘訣は、中心市街地商店街と郊外型店舗の双方の差別化の実現にあると思われる。中心市街地は歴史的な街並みを楽しむ観光客や映画などのアミューズメント、郊外型店舗は買い物の拠点としてそれぞれが魅力を発揮している（イギリスで実施したアンケート調査でも、中心市街地の魅力のトップは「歩いて買い物をすることが楽しいから」であった（足立、二〇〇七年））。イギリスでは、商店街と郊外型の大型小売店舗とが共存共栄する中で、街の価値の総和が最大化されるようなまちづくりがなされている。日本でもこの「共存共栄」的な視点から街の再生を試みる必要があるが、実際にはその方向性には向いていないのが現実である。

◇今、何が一番求められているのか

本書の目的は、シャッター通りの再生策を示すことだが、そのヒントはイギリスのような各種商業施設の差別化と、その背後に存在する商店街の本来の魅力、つまり「個性を活かしながらの再生」にありそうだ。ここでは和歌山県和歌山市のケースをもとに考えてみる。

和歌山商工会議所の観光客誘致委員会では、「センチメンタル・和歌山」という名の観光客誘致キャンペーンを予算化し、二〇〇六年度より実施している。その目的は、街の個性を市民が再発見し、復元・回復させるという点にある。

具体的には、一般の観光ガイドには存在しない「街のセンチメンタルスポット」を市民公募し、地域の魅力を全国的にPRするというものである。二〇〇七年秋には、発見されたスポットを訪れる観光バスツアーも実施した。また、「てまりちゃん」と呼ばれる観光キャラクターを選定し、「センチメンタルで懐かしい都市、和歌山」もPRしている。実際の効果を見るにはもう少し日を待たねばならないが、この手法で注目したいのは、「市民の目」を最大限含んだ形で観光スポットを構築した点である。

観光スポットといえば、従来風光明媚な、また観光用にプロデュースされたような統一的建造物などが多い。しかし、このキャンペーンが目指したのは、そのような場所の紹介ではなく、市民（住民）が日常接しているが外部にはあまり知られていないような場所のPRである。地元の人が愛着をもつような場所で、かつそれが個人のみならずある程度普遍性をもつような場所である。

戦前の歴史を刻んだ砲台跡地や和歌山市民が最も親しんでいる浜辺からの夕日の眺め。これらは、地元の人に愛されているが観光ガイドブックに掲載されることはなかった。本来の観光は、その地の光を観《み》ることである。その地の「光」とは、観光客に迎合したような飾った風景ではなく、歴史や生活文化に裏づけられた普段の生活の営み、つまり「自然体の光」ともいえる。テーマパーク型の観光をいちがいに否定はしないが、一九九〇年代以降の多くの地方テーマパークの破綻例からも明らかなように、また、妙に近代的に整備された中心市街地が「ミニ銀座通り」と揶揄されて廃れていくように、街の本来の魅力を取り戻す作業こそが今求められているのではないだろうか。

一度街並みを壊してしまうと、再生するのに巨額の費用が発生する。この費用が負担できない場合は、先に示した「オプション」がきわめて狭まる。これを避けることこそがオプションを重視した経営、つまりリスクの低い都市経営に必要な概念なのである。街並み保全型の再生は、将来の様々な価値を内包しているという点で、「オプション価値」を最大にしている。そうした意味からも、「センチメンタル・和歌山」キャンペーンの取り組みは大きな意味を有するであろう。

3 本書の構成

本書は、シャッター通りの再生、特に中心市街地の商店街などの活性化に絞った上で議論を展開している。それは、多かれ少なかれこの場所が、現代日本が抱える地方の問題の縮図といえるからである。以下で本書の流れをまとめておこう。

第2章では、中心市街地に関するこれまでの施策の流れを整理し、二〇〇六年に誕生した新しいまちづくり三法に焦点をあてて議論を展開している。また、内閣府の調査が認めたように、これまでの規制緩和を念頭においた政策の多くが、街を元気にするどころか衰退とそれに伴う個性の滅失を招いた点を指摘したい。そして、今後必要な視点として、「地域性にこだわった個性的なまちづくり」を挙げた。

第3章では、地方都市の再生策に必要な要素を、三つのSとして理論的に整理した。特に、地域の個性重視を必要条件として再生を掲げることの重要性、またいくつかの経営学的な手法もわかりやすく紹介している。また、近年脚光を集めるようになったリアルオプション法の活用法も紹介している。これまでのまちづくり論がともすれば成功事例集に偏りがちだった点の克服を試みた。

第4章では、これまで実施されてきた施策の特徴・効果について、全国調査をもとに、例えばイベントや物産展など、どの手法が最も効果的かについて議論を行った。現場で日々実践されている施策には短期的なものと長期的なものがあるが、ここでは施策実施後五年以内の効果を分析している。施策の成功例・失敗例などを手がかりに検討した結果、効果的な方法は地域の物産販売などの「地域性」、「個性」と関係がある点を指摘した。

第5章では、中心市街地活性化の成功例を、四つの活性化策別に類型化した。それらは、①「コンバージョン型」、②「再開発型」、③「現状維持型」、④「行政主導型」である。自分の街

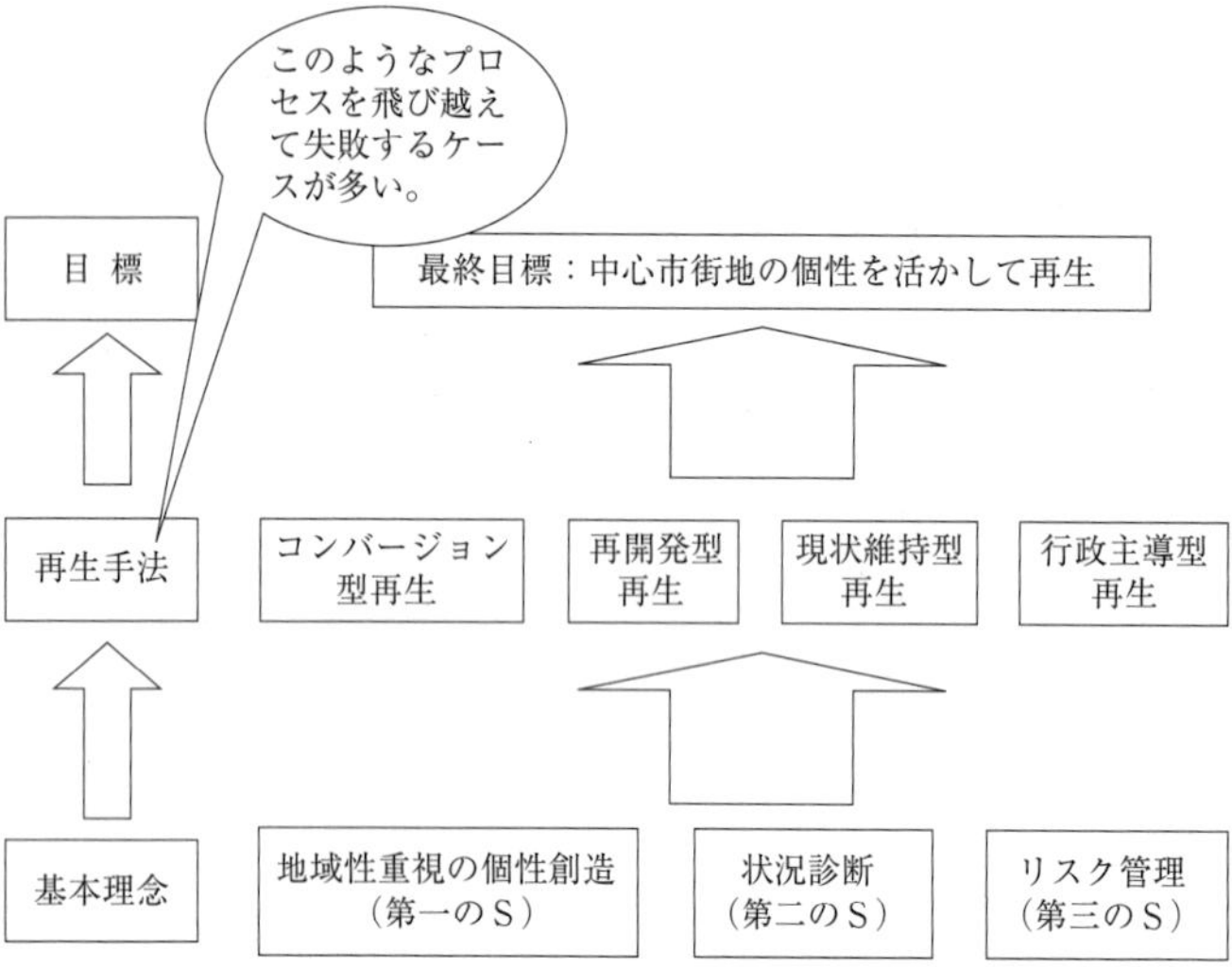

図１−１　シャッター通り再生の基本スケッチ

がどのケースに近いか、是非とも念頭におきながら読み進めていただければと思う。また、アンケート調査で明らかになったシャッター通り再生の「失敗例」についても紹介している。

第6章では、筆者が実際に和歌山県和歌山市の中心市街地・ぶらくり丁で行っている、シャッター通り再生のための施策をまとめている。どの街でも、明日からでもできる再生策の一例である。

第7章では、これまでの議論をまとめた上で、人、手法、資金、土地、情報、空間デザインといった視点から、六つのシャッター通り再生計画に必要な要素を示した。

シャッター通り再生計画は、必ず成功する。それは、郊外型店舗も存在するイギリスにおいて、決して中心部の商店街が廃れることがない点からもいえる。ただし、成功のために求められているのは、「そこにしかない個性的な商店街の計画的な育成」である。

第2章　まちづくり関連法というシステム
――シャッター通り化を進めた原因は何か

空き店舗率の高い商店街が数多く存在する日本。中小企業庁の商店街実態調査によると、全国の空き店舗率は六・八七％（一九九五年）から八・九八％（二〇〇六年）へと上昇している。なぜ、日本の街の中心部の個性は消え、衰退だけが顕在化したのか。

本章では、地方都市がシャッター通り化した根本原因ともいわれている中心市街地問題の政策論を取り上げ、やや批判的に考察を行いたい。まずは、中心市街地関連制度を概観し、続いてその解決策として二〇〇七年一一月に施行された新しいまちづくり三法について検討を行う。

1　まちづくり関連法の変遷

中心市街地に関する施策は、一般に土地政策・都市計画と関連して位置づけられるが、実は一つの文化政策的な側面も有している。中心市街地が、市民の思い出の「場」として歴史的に果たしてきた役割が大きいからである。ヨーロッパなどでは、中心市街地に対する独特の愛着が存在することから、都市計画の中でも特に重要な空間として考えられている。しかし戦後、都市化を推し進めてきた日本では、中心市街地の歴史や文化性に対する視点は小さく、住む場所・売る場所としての利便性が優先されてきた感がある。そして、他の土地政策がそうであったように、中心市街地においても規制緩和とそれに伴う競争原理の波が押し寄せている。

表2－1　旧まちづくり三法の概要

法　律	所管官庁（現在の名称）	施行年	概　要
中心市街地活性化法	経済産業省、国土交通省、総務省など	1998年	大型小売店舗の郊外進出や公共施設の移転などの理由で衰退した中心市街地の活性化が目的とされる。TMO（まちづくり会社）を拠点に再生策が組まれることになった。
改正都市計画法	国土交通省	1998年	街並み保全、商業開発の促進・規制について定めている。
大規模小売店舗立地法	経済産業省	2000年	交通・騒音・廃棄物など生活環境維持の観点から大型小売店舗の出店調整を行う。実際は原則自由化された。

この点を意識しながら、まずは旧まちづくり三法の概要について見てみよう。

(1) 旧まちづくり三法の両義性

一九九八年から二〇〇〇年にかけて、郊外型大型小売店舗の立地の自由化と中心市街地の活性化を同時目的として、中心市街地活性化法、改正都市計画法、大規模小売店舗立地法の三法が相次いで制定された。その概要は、表2－1の通りである。

一九八九年からスタートした日米構造協議の影響などもあり、中心市街地商業地区と郊外型大型スーパーマーケットとの競争を容認するとの立場から、大規模小売店舗法を改正して小売店の立地条件を緩和したのが大規模小売店舗立地法である。また、これに伴い衰退した市街地を活性化させる必要性が生じ、競争政策を枠組みとしながらも、衰退が予想される中心市街地の活性化を、T

MO（Town Management Organization、まちづくり会社、以下TMO）を組織の柱として補助金などで支援するという趣旨で、中心市街地活性化法は制定された。要するに、郊外型店舗が自由に立地される一方で、これによって予想される中心市街地の衰退を食い止めるために様々な対策が実施されたのである。

(2) 旧まちづくり三法の効果

結論を先取りすれば、旧まちづくり三法（特に中心市街地活性化法）には、目立った中心市街地での活性化効果は、観測されなかったといってよい。

二〇〇五年一二月、経済産業省所管の産業構造審議会流通部会・中小企業政策審議会合同部会に提出された旧まちづくり三法に関する資料「人口の増減と中心市街地の小売売上高の関係」によると、一五五都市（人口一〇万人以上の都市圏のうち、二〇〇三年一〇月までに中心市街地活性化基本計画を策定している市（東京都、政令指定都市を除く））の中心市街地のうち、人口が減少した都市が一二五に達していることがわかった。また、日本建築学会編（二〇〇五年）によれば、人口規模が一〇万人以上の地方都市の約八〇％が中心市街地の人口を減らしていた。さらに、アドバイザリー会議報告書（二〇〇五年）によると、中心市街地活性化基本計画を策定した一二一市町村のうち、商店数、年間販売額、事業所数を減らした自治体が全体の九割を超えている。

人が住まなければ、立地依存型産業である小売業が売り上げを減らすのは当然である。結果として、郊外型大規模小売店舗が各地方都市で乱立し、それぞれの中心市街地経済の衰退がより一層顕在化したのである。

この点をさらに詳しく検証するために、独自に収集したデータを用いて旧まちづくり三法施行後の中心市街地の「地価」や「観光客数」、そして「居住人口」の動向に関するデータ分析を行う。

2 旧まちづくり三法の中心市街地活性化への効果

一般的な中心市街地に関する全国的なデータに加えて、データの比較が可能な二〇〇九年三月までの、中心市街地活性化基本計画が内閣府によって認定された自治体の動向を見てみよう。なお、二〇〇六年の中心市街地活性化法の改正により、活性化への助成措置は、中心市街地活性化基本計画に関しては内閣府の認定を受けたもののみとなり、二〇〇九年三月現在までに合計七五の自治体、七七の計画が認定されている。

(1) 公示地価、人口変化

公示地価は、旧まちづくり三法導入以降、すべての規模の都市において大きく下落している。全体として年に平均で約七・七％も下落しているのだ。最も下落幅が大きかったのは、人口二〇万人規模の都市の年一一・四％であった。バブル崩壊後の地価の下落は全国的な傾向であるが、少なくとも旧まちづくり三法の導入により、地価は上昇してはいないことがわかる。比較可能な自治体の全国データ（データ数一一八）でも同様の調査を行ったが、その結果と差異はなかった。

中心市街地の人口変化に関しては、人口四〇万人以上の街ではやや増加しているが、それ未満の人口規模の街では減少している。中心市街地の人口において増加が顕著だったのが、香川県高松市、千葉県千葉市、北海道滝川市、静岡県浜松市、兵庫県宝塚市、青森県青森市、兵庫県尼崎市、鹿児島県鹿児島市、大分県大分市、熊本県八代市、福岡県北九州市など、中には人口一〇万人から三〇万人程度の人口規模の街もある。

一方、人口減少が顕著だったのは、富山県高岡市、東京都府中市、岩手県久慈市、福井県福井市、福井県越前市、岐阜県岐阜市、宮崎県日向市、大分県別府市などの人口規模が五万人以上三〇万人未満の街が多い。つまり、人口規模の小さな都市ほど中心市街地人口が減少していることがわかる。

人口が小規模な街は独自の取り組みを実施するなど、観光などで熱心なところも多いが、一般的には商圏人口が小さいために産業基盤が脆弱なことから、人口の減少傾向が強くなっている。

つまり旧まちづくり三法は、少なくとも二〇～三〇万人未満の人口規模の街の中心市街地人口には、人口増加などの効果をもたらさないことが指摘できよう。

(2) 中心市街地の商業労働人口の変化

旧まちづくり三法導入による中心市街地の商業労働人口の変化については、一般的な認識と同様に、都市全体の人口規模に関係なく商業労働人口の減少が見られる。先述の中心市街地人口の変化を考慮すれば、中心市街地での商業の衰退によって商業労働人口は減少するものの、大都市においてはそれを相殺するような人口増加が発生しているのであろう。それは、都市の集約化を意図したコンパクトシティ施策に見られるような中心部への居住促進策によるものと考えられる。コンパクトシティ化が困難な小規模自治体では、商業人口の減少がそのまま中心市街地における個性の担い手の減少を示す。このことは、その地域の商業文化、伝統文化を失わせる要因ともなる。このように、郊外型店舗は、都市の様々な活動に影響を与えているものと思われる。

（3）中心市街地観光客数の変化

最後に、人口規模と観光客数との関係について、一九九五年と二〇〇五年を比較した日帰り観光客数と宿泊数の合計値のデータを見てみよう。データによると、規模の小さな街ほど年率換算での観光客数の伸び率が高いことがわかる。特に「昭和レトロ」の街並みで人気を博した大分県豊後高田市の近年の集客伸び率がきわめて高い点は注目に値する。また、北海道滝川市、岩手県盛岡市、島根県松江市などは観光地としても知られており、これらは文化性の高い街という点で共通している。一方で、コンパクトシティを謳い、人口増加が顕著である青森県青森市の中心市街地への観光客数は少ない。この青森県青森市や兵庫県宝塚市、愛媛県西条市、滋賀県大津市などは、中心市街地活性化に熱心な自治体として知られているが、「個性的」な都市というよりも都市機能を充実させるという形で活性化を図っているのであろう。大阪や神戸のベッドタウンとして知られる宝塚市のような街は、観光客の集客面では低い値を示しているが、中心市街地人口は顕著に伸びている。この点は青森市などと同様であり、居住政策などの面で特性を示しているものと思われる。

観光客数の変化については、人口一〇万人から四〇万人未満の街において減少傾向にある。特に、二〇万人から三〇万人の人口規模の街では、年率一五％の割合で激減した。こうした特例市ほどの人口規模の都市で観光客が減少しているというデータは、景観施策など中心市街地に対する魅力づくりが十分でないことを物語っている。

(4) 旧まちづくり三法の逆効果

以上のデータを概観するといくつかの重要な点が指摘できよう。

第一に、旧まちづくり三法の導入は、一部の大都市を除いた人口規模が四〇万人未満の街では中心市街地人口は着実に減少しており、こういった都市に対しては効果がない。

第二に、旧まちづくり三法は、都市の魅力を育むような、いわゆる観光促進機能をもたないことが明らかとなった。特に、人口規模が一〇万人から四〇万人の都市では、観光客数は確実に減少している。一方で、一〇万人未満の人口規模をもつ都市においては、観光客数が増加している。この理由については、第5章の大分県豊後高田市などのケースを参照していただきたいが、人口規模の小さないくつかの都市では、まちづくりの中で「観光客」の呼び込みに力点をおき、特化した施策が功を奏したものと思われる。制度的な枠組みを超えて努力した自治体には、それなりの結果がついてくるのである。

第三に、人口四〇万人以上のいくつかの街は、居住政策などの都市機能面での充実によって人口を増加させており、その点には様々な解釈が可能である。先述したように、青森県青森市や兵庫県宝塚市などのように、居住促進をテーマに活性化策を実施している地域では、人口増加は促進されるものの観光面での施策はあまり実施されていない。逆に、小規模の自治体では、街の魅力づくり、すなわち観光都市などを謳っての活性化が切り札となるのであろう。しかし、中小都市の多くは観光客数がほとんど増加していない。中心市街地の労働人口の減少などから考えると、今後まちづくりの担い手の減少は、街の魅力を長期的に失わせる大きな脅威といえる。

今後の中心部の商業再生には、景観や地域の食材など個性を活かして地域内交流人口を増加させ、観光客などを呼び込む手法が必要である。しかしこの点において、旧まちづくり三法は何ら貢献をしなかったものと思われる。むしろ、競争政策の名の下に中心市街地に関わる人口を減少させ、シャッター通りの増加を加速させた可能性が高い。

3　旧まちづくり三法施行以降に失われた価値

(1) 加速するシャッター化

これまでの考察において、旧まちづくり三法が導入された以降でも都市の地価の下落は止まらず、観光客数などの「街の魅力のバロメータ」にも小規模の都市を除いて変化がないことがわかった。旧まちづくり三法の導入によって、ロードサイド型や郊外型の店舗の経済効率性は上昇したが、その結果、地域内の富は決して増大しておらず、また街の個性的魅力に敏感な観光客の増大も起こらなかったものと推察される。

例えば、筆者が中心市街地活性化計画に関わった和歌山県和歌山市では、中心市街地の商業労働人口が一九九七年から二〇〇四年までの間に約二割減少している。また、大阪府岸和田市の場合、中心市街地人口はほぼ横ばいだが、市全体では商業労働人口が一割ほど増加しているので、中心市街地の商業人口は相対的に減少したと見てよい。中心市街地のまちづくりの一部は商業主が担っていることを考えると、商業経済の破壊は街の魅力を失わせる可能性が高いのである。

そもそも、都市の個性に関する施策は、文化庁や文部科学省を中心とする教育行政の位置づけのもとで進められてきた。しかし、一九九〇年以降の規制緩和路線を主軸とする「都市再生」の中で、この分野に都市計画が登場してくる機会は少ない（表2－2参照）。

景観や都市の個性を示す部分は、土地の所有財産権に踏み込むために都市計画や建築施工主との協調が必要である。二〇〇八年一〇月に観光庁が設立されたが、その役割に期待したい。観光行政においては、それを支える景観行政や文化行政、また景観を保全するための都市計画とは互いに不可分だからである。旧まちづくり三法では街を一面的にとらえていたため、その魅力創出の中で重要な役割を担う歴史や文化、景観保全などの街の個性創出がおろそかになっ

表2－2　戦後の文化・景観行政

年	関連法令
1950年	文化財保護法成立。
1966年	古都保存法成立。都市計画の中に位置づけられ、一般の民家は対象にならず。
1968年	金沢市伝統環境保存条例施行。
1968年	倉敷市伝統美観保存条例施行。
1971年	柳川市伝統美観保存条例施行。
1972年	山口県萩市、岐阜県高山市で景観条例が施行される。
1975年	「伝統的建造物群保存地区」制度導入。国の指定から、市町村自らが保存のために保存地区などを決定することとなった。「伝統・文化」がキーワード。「周囲の環境」、「歴史的風致」も対象。
1996年	文化財登録制度導入。文化財建造物の活用が重点に。築50年以上のものを対象。固定資産税額などが減免。
2005年	景観法制定。

出所：文化庁の資料などをもとに作成。

ていたのではないだろうか。

(2) 数字に見る失われた景観価値

ところで、こうした都市の個性的価値の重要性は数字の面でも指摘できる。例えば、伝統的景観は都市の個性を示す一つのバロメータと考えられるが、景観整備を熱心に行ってきた自治体とそうでない自治体とでは、地価水準などの点において差異が生じている。景観形成を担う団体がある街とそうでない街との地価水準の比較を行ったところ、住宅地の地価変化率は景観形成を担う団体の有無と関係がなかったが、商業地の地価に関しては、景観形成団体のある街の方が地価の下落率が低いことがわかった。つまり、景観に配慮した地域は、地価が下がりにくいということである。

ところで、地方都市におけるシャッター通りの増加が、都市景観の形成にとっていい影響を与えない点は自明といえる。つまり、この分析結果と合わせて考えれば、旧まちづくり三法は、シャッター通りを潜在的に増加させ、その結果シャッター通りがもたらす景観価値の滅失を引き起こし、地価はさらに下落したといえる可能性はきわめて高い。再び政策論に戻れば、これまで都市の魅力を総合的に見る視点が、教育行政と国土行政の狭間にこぼれ落ちてしまっていたようにも思える。これが、中心市街地活性化が補助金頼みで可能となると目算した旧まちづくり三法に潜む、本質的な問題なのである。

4 新しいまちづくり三法の誕生

こうした現状を踏まえて、政府にはシャッター通りと揶揄される地方都市の中心市街地の経済的衰退状況を改善することが求められた。そして、経済産業省と国土交通省を中心に、理想とする元気な地方都市の中心市街地の姿と、現実の衰退している姿とのギャップを埋める手法が模索された。その結果として、法の抜本的な改正が行われ、二〇〇六年五月から新しい「まちづくり三法」がスタートした。ちなみに、都市計画法と中心市街地活性化法は改正されたが、大規模小売店舗立地法は改正されていない。

この改正では、中心市街地再生に関する補助金投入の「選択と集中」の理念が導入された。改正以降、自治体がつくる中心市街地活性化基本計画は、内閣総理大臣の「認定」を受けなければならなくなったのである。ここで認定されたものが補助金などの整備を受けやすくなるので、自治体は優れた中心市街地活性化基本計画をつくらなければならなくなる。この認定を受けることに成功した自治体が、補助金を獲得し大掛かりな中心市街地活性化策が実行可能となったのだ。

また、郊外型店舗の出店規制にも踏み込んだ。つまり、都市計画法の改正と絡んで、延床面積一万平方メートル以上の店舗などが出店できる地域は、「近隣商業」、「商業」、「準工業」の三地域に限定されることになった。この結果、郊外型大型店舗の立地を大きく規制するという、以前の商業立地規制に再び戻る結果となった。ただし、事前に地区計画を立てていた場合などは、例外的に大規模小売店舗の出店は可能なケースもある。だが、この政策は「選択と集中」が基礎理念としてあるので、それにもれた自治体などは手厚い補助は受けられない。つまり、多くの自治体では、結局は大型小売店舗が地域商業を席巻することとなり、中心市街地もその影響を受けて衰退が止まらないという状況が続いた。

シャッター通り化をもたらした要因の一つは、郊外型店舗の無秩序な開発にある。第1章で触れたように、イギリスなどでも郊外型大型店舗は多数見受けられるが、中心市街地経済は衰退していない。それは、それぞれの地域の商品が競合しておらず、「住み分け」がなされているからである。郊外型店舗は安い食料品を大量購入する場所、中心市街地の商業施設はブランド品をはじめ衣類などを購入する場所、との位置づけである。しかし日本では、場所の住み分けはイギリスのケースと異なり民間レベルでは達成されず、すべての魅力を兼ねそろえたような「ミニ近代都市（大型小売店舗）」が郊外に出現することとなっている。

つまり、現状のまま再生策を模索するためには、シャッター通りと呼ばれる中心市街地に郊外型店舗にはないような魅力づくりを行わねばならない。今後も財政的な制約により、競争的促進策には大きな変化はないであろう。だからこそ、それを前提とした場合のシャッター通り再生策を考えることが必要なのである。

5　個性・再生が成功の鍵

都市の活性化には、「経済効果としての活性化」と「文化や伝統を育む中での活性化」という二つのベクトルがある。地域の活性化を考える時に、「地域」は「土地」の上にあるものなので、当然ながら「土地政策」が最も重要な地域政策の一つとなる。ここでは、シャッター通りの出現と土地問題との関係性について少し触れておきたい。

戦後の日本は、一九六八年に都市計画法が成立したものの、実質的には開発自由の精神のもとに自由に土地が売買されてきた。やや例外的だったのが、土地や住宅を所有する権利、借りる権利を保障してきた農地法や借地借家法だが、農地法は近年の農業促進の大義名分のもと緩和される傾向にあり、借地借家法においては二〇〇〇年三月に、契約期間が満了したら、借家契約が消滅するという定期借家制度が導入されて規制緩和が図られた。その結果、農地や宅地への開発圧力、土地の流動化はより一層高まったといってよい。また、二〇〇〇年の大規模小売店舗立地法の制定により、商業施設の立地の自由化がなされた。その他、小泉純一郎政権下で導入が活発に行われた「経済特区制度」なども合わせれば、土地に関する規制緩和の政策的方向性がいよいよ明確になってきたといってよい。

こうした土地の流動化策そのものは、土地利用の新陳代謝を促進するために必要かもしれない。しかし、一方で都市経営のリスクは高まった。流動化の柱であった不動産投資信託市場（通称J―REIT）も二〇〇八年のアメリカに端を発したサブプライム問題の影響もあって、一部破綻しかけている。また、二〇〇九年七月現在、地価は下落の一途をたどっている。マクロ的な要因も作用するので断定はできないが、土地の流動化策は、地価を上昇させる効力をもたなかったばかりか、不確実性を増大させる方向に作用しているように思えてならない。

地方都市の中心市街地に関していえば、旧まちづくり三法は中心市街地経済の衰退を加速させ、都市の個性は失われた。中心市街地では空き店舗率の増加が目立ち、郊外にはどんどん大型小売店舗の開発が進む。知らぬ間に日本の多くの地方都市は個性を失い、高リスク体質を帯びてしまったのである。

実際に、個性の一つのバロメータである中心市街地商店街などの観光客数は、全国データを見てもほとんどの地域で減少の一途をたどっている。かつては地方都市に降り立つと、駅前などが栄え、そこには地元の名物や伝統文化が垣間見えた。しかし、そのようなものがもつ価値、つまり、街の個性に基づく市民の愛着心の価値（センチメンタル価値）が、相当程度減少していることが制度面の変化を見た時にもわかる。

現実論として、郊外型店舗そのもののニーズが地方都市で高いことは否定できない。しかし、例えば海外の旅行者が地方の街を訪れて、「郊外型店舗を観光目的で訪問したい」というケースがほぼ皆無であるように、そこには街の「個性」に対する視点が欠落している。郊外型店舗は借地経営も多く、経済情勢や企業体制の変化によっては撤退するかもしれない。次世代に残せるような都市文化としてふさわしいとはいえないのである。

その場所にしかないものの一つとして、地方都市の中心市街地商店街が果たしてきた役割は大きかったのではないだろうか。選挙のシーズンになれば、決まって「桃太郎戦術」という形で候補者がこぞって練り歩き、街の人々に握手を求めている中心市街地商店街。それは、おのずとその場所がその地域の個性を表してきたからではないだろうか。

第3章　シャッター通り再生への視点
——三つのSとはどのようなものか

シャッター通りの再生、中心市街地の活性化を考える際、一般の会社経営などと異なり重要になる視点は、「場所」に対する認識とその活用である。その街の立地一つで再生策の特徴も異なる。大都市周辺にあるのか、遠隔地なのか、駅前かどうかなどの要素も重要である。シャッター通りとなった場所の多くは、その立地の特徴を活かしきれていない。ここでは場所に関する状況診断が不可欠である。

また、郊外の大型スーパーなどとの差別化がなされているのか。同じような商品を売っていては、品揃え、価格などの面で優位に立つ大規模小売店舗には勝てないだろう。生き残る手法として、個性の創造が不可欠である。

さらに、時代の状況変化に街は対応できているのか。イギリスの商店街は、変化への対応を行うことで今でも活気を保っている。変化とはリスクであり、そのリスクに冷静に対応することは、リスク管理ということになる。

本章では、これらの三つのSという視点を重視して具体的に紹介をしていきたい。三つのSとは、地域性重視の個性創造（Sentimental）のS、状況診断（Survey）のS、リスク管理（Security）のSである。つまり、まちづくりには様々なリスクが潜んでいるので、まずは街の状況を正確に把握し、リスク管理を行いながら個性的な街をつくっていく。この基本さえ押さえられれば、シャッター通りを再生させることは可能なのである。

1　第一のS・地域性重視の個性創造――センチメンタル価値を活かす

◇海外の都市論と街の個性

街の個性に関する議論を行うために、既存の「都市」をめぐる理論について簡単に述べておこう。ここでは一九五〇年以降の主だった都市論と経済的な背景、政策について概観したい。

戦後のアメリカでは様々な都市論が登場するが、中でも注目したいのがジェイコブズの理論である。ジェイコブズは、その著書『アメリカ大都市の死と生』の中で、独特な都市の形を提言し、都市というもののエネルギーは、その「複雑性」、「多様性」にあるとしている。それを具体的に、①地区内部における都市の複数機能の混在、②短いブロックと曲がりくねった街角、③古い建物、④高い人口密度、などに代表される四原則によって示した。

つまり、街のごちゃごちゃ感こそが、街に賑わいを生み出し、街路が独自性を求め、伝統的な建物を重視するようなまちづくりや新規建造物のつくり方の多様性をもたらすとされている。ここで大切なのが、「多様性」の中に「文化性」があり、それこそが街の「個性」を感じさせる点である。日本の地方都市の中心部にある商店街は、まさにこうした「ごちゃごちゃ感」が個性を創出している。必ずしも整然とした街並みでなくてもよいのである。

ところで、経済学はまちづくり像に対しても、「収益性」を一つの物差しとしてみようとするところがある。主観や価値論を排除して、「客観的」である家賃、地価などの「価格機構」を通じて、都市システムを構築するものともいえる。よって、中心部には高収益のビジネス街が並び、郊外には農村地帯が広がる。しかし実際には、「魅力的」といわれている街の多くは複雑で多様であり、ジェイコブズの思い描くものに近い。

一九八〇年代には、スプロール現象と呼ばれる虫食い的な郊外開発に警鐘を鳴らし、都市に人間味あふれる余裕ある空間を求めようとするまちづくり運動が生まれている。こういう考え方の中で注目したいのが、「ヒューマンスケール」という視座である。これは人と人とのほどよい距離感を意味し、必ずしも都市の収益を最大化させるものではないが、都市に住む人の満足度は最大化されるというものである。つまり、短期的には計ることが困難な人と人のつながりの価値、そしてその重要性を示している。この点も経済学ではモデル化が難しい分野であろう。

一九八〇年代には、アレクサンダーによって「パタン・ランゲージ」、「都市美」を言語的に表現できるという「ツール」が紹介された。いずれも、利潤最大化を至上命題とした経済学のつくる都市像とは別の視座から都市の価値を見出している。

◇日本の街の個性

では、日本の都市政策はどうであったか。結論からいえば、経済原則や効率性が優先されてきたように思う。空間に関する哲学的・理論的なもので、経済学の視点からの考察として代表的なものにチューネンの立地論がある。中でも、「付け根地代曲線」をもとにした収益還元地価、つまり、土地利用の最も高度な地点が最も高い収益を得て地価を形成するという、きわめて単純な理論が都市論を構成しているといってよい。この考え方のもとでは、都市の中心部は収益性の高い商業ビル・オフィスが立地することとなり、中心部から距離をおいて住宅地や農地が形成される。経済の論理とは軸を異にする都市計画は後追いとなり、その結果、収益を最大化する形態がその立地に最適なものとして参入することになる。

しかし、その都市が個性的であるか、観光客にとって魅力的であるかなどの視点はそこにない。つまり、これまでの都市経済モデルは、住民や工場の「機能」としての魅力は考慮したものの、「そこを場として楽しむ訪問者」がもつ効用や彼らをひきつける魅力を変数としてとらえることに失敗しているのだ。この考え方が基礎にあるために、日本の都市計画は、市街化区域内農地の宅地並み課税問題において、「都市部の農地」は低い収益性ゆえにその利用を認められず、土地価格相応の重い課税の対象となった、というような状況が生まれている訳である。他の先進国と比較して日本の公園が狭い理由もここに垣間見える。

先述のヒューマンスケールという考え方は、収益にはすぐに還元しにくいとともに、人々が無意識のうちに求めるつながりの価値を暗黙のうちに前提としているため、この「価値」をいかに扱うかで街の形は異なる。街の持続可能性や、美のパターン、そしてジェイコブズが紹介した四原則などは、その理論的な根拠とは別に経済学の苦手な分野に光をあててくれている。こうした点から都市計画における景観保全の重要性を説き、積極的に風景論を展開しているのは、西村（二〇〇八年）である。西村は都市の再生について次のように述べている。

都市再生は、再開発型の物的環境改善一本槍では達成することはできない。歴史や文化を基調として都市の文脈を再構築すること、周辺の自然環境との調和まで考慮して都市の風景を守り、育てていくこと、さらに社会的経済的な支援策を総合的に講じることによって衰退地区の改善を徐々に進めていくことなどを通じてしか都市の再生は実現しないということを、欧米の今日の思潮は示している。都市の再生とは、都市における生活の質を総合的に向上させていく一連の施策を実施していくことに他ならない。いかに文化的背景が異なるとはいえ、これは都市社会のグローバルな流れであり、日本の都市再生論もここを逸脱して正答に達することはできないのである。

（西村幸夫『西村幸夫風景論ノート』鹿島出版会、二〇〇八年、二〇八頁）

西村の都市再生論では、「歴史や文化」が必要条件として語られており、それはいうまでもなく街のアイデンティティ創出と関連している。このアイデンティティについては、アメリカのケースを研究する安達・中野・鈴木（二〇〇六年）が、中心市街地の必要性との関係の中で次のように述べている。

日本の中心市街地の衰退は、程度の差はあれ、大都市圏、地方都市圏に共通しているが、特に、地方都市を取り巻く経済的、社会的な環境が抱える構造的な問題を考える時、中心市街地活性化は、「地方都市問題」を解くための鍵となる可能性がある。地方都市問題とは、社会経済的に見れば、人口減少・高齢化の進行、経済・産業力の低下と雇用の喪失、行政需要の増大と財政のアンバランスなどが代表的なものであるが、より深刻な問題は、地域社会を支えるコミュニティの崩壊、人々のアイデンティティの喪失である。

（安達正範・中野みどり・鈴木俊治『中心市街地の再生メインストリートプログラム』学芸出版社、二〇〇六年、一三頁）

この二つの引用からわかることは、本来経済学が取り込むべきであった街の文化や個性などの視点の重要性である。街の機能と価値は複雑であり、効率性の面からのみ議論されるべきものではないのである。

本書では、経済学の立場から西村や安達・中野・鈴木が主張するような歴史や文化、アイデンティティの価値を、第一のＳ・地域性重視の個性創造（センチメンタル価値）と呼んでいる。特に、地域性に基づく価値、街への愛着とその裏づけとなっている魅力、効用などは、住民にとっても価値があるが、それを外向きに磨けば観光客をも呼べる材料となるのである。つまり、ここでの「センチメンタル価値」こそが、短期的にはマーケットで評価されない「隠れ」価値ともいえる。

なぜ隠れているのかといえば、それが「懐妊期間」を経て、将来成長してから効用を発揮するものであり、「教育」の成果のような一種のメリット財（個々人ではなく、社会全体として必要とされる価値をもつもの）と類似しているからである。実際に日本の景観行政が、文化庁中心に主導されている点を思い起こせばよい。日本の行政も暗黙のうちにこの価値の存在を認めて、古都保存法をはじめとする「センチメンタル価値」の保全策をささやかながら展開してきた。

現在利用者は少ないが、文化的には重要な価値を有するような施設は確かに存在する。この場合、「利用者が少ない」ことでマーケット価値は低いが、「センチメンタル価値」的な意味での文化的価値は存在することになる。しかし、センチメンタル価値の存在や理論的展開の部分

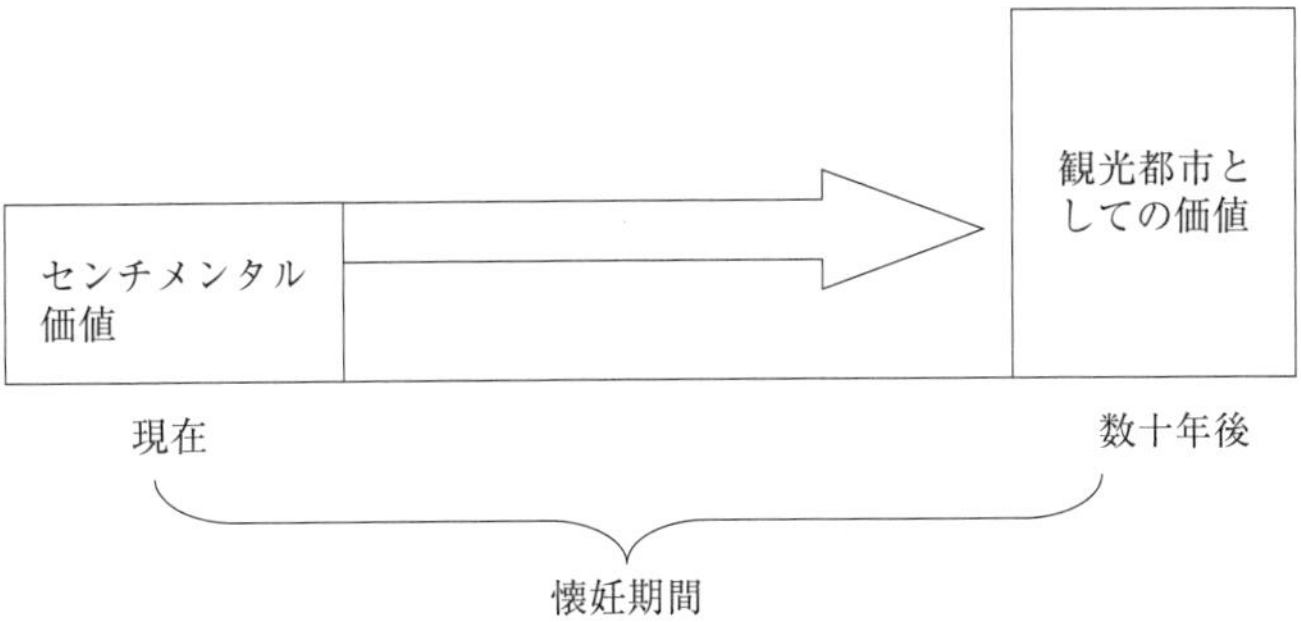

図３－１　将来成長する価値

があやふやであったために、都市再生分野で風景などを積極的に考慮することは今までできてこなかった。

センチメンタル価値を体現させるためには、十分な「市民・住民」による再生策が必要だということになる。この点は、古い街並みの保存のために景観条例を整備した岡山県倉敷市や石川県金沢市などが、基本的には住民運動を背景にまちづくりが展開された点と符合する。シャッター通りと呼ばれる多くの場所では、こういった将来の活性化の種となるような個性が本来眠っているのである（図３－１参照）。

しかし、一九九〇年代からまちづくり三法という名の規制緩和策が登場し、大規模小売店舗立地法が導入された。いずれも結果として、大規模小売店舗が全国の地方都市へ進出し、また財政に窮する自治体も新たな税収を期待して郊外型大規模店舗の誘致を進めたという点は、第２章でも述べた通りである。また、度重なる規制緩和に基づく農地の転用合戦の結果、多くの街では中心市街地に顧客を呼び込めない状態が続いている。その再生のヒントがこれまで述べてきたジェイコブズの四原則や西村や安達・中野・鈴木が指摘する街の個性の保持ではないだろうか。この個性こそが、シャッター通り再生計画の必要条件の三つのうちの一つなのである。差別化が必要であり、その手がかりが個性創出ということになる。

2　第二のS・状況診断——地域のカルテをつくる

状況診断とは、代替することができない街の立地上の特性を正確に判断する上で重要となる自己診断の作業である。シャッター通りから抜け出すために必要なのが、自分の街の「状況診断書」の作成なのである。医者が患者を治療する時、患者のカルテをもとに経過を診るであろう。これと同じく、その街ごとに経済状況や発展・疲弊の度合いは異なっており、街の状況に応じてふさわしい処方箋を提示しなければならない。例えば、大分県の農村復興策の中で注目されている一村一品運動というものがある。その成功をもたらした要因は、地道な街の魅力の再発見であり、その街の個性的な一品を探すためには、地域の診断書の作成が不可欠な要素の一つとして求められる。以下、診断の手法として二種類のものを提示したい。それらは、SWOT分析と呼ばれるものと、地域遺伝子をもとにした街の類型化作業である。

(1) 地域診断① SWOT分析

SWOT分析は、経営学の分野において企業の経営戦略立案を行う際に使われてきた手法であるが、そのまま街の活性化のための診断書づくりにも応用ができる。これは、街の外的要因を二種類、「機会」(O＝Opportunities)と「脅威」(T＝Threats)に分類することからはじまる。外的要因は、マクロ要因とミクロ要因からなる。その街が目的を達成する上で外的な影響を与える可能性のあるものがマクロ的な要因であり、例えば、社会情勢や技術、法的規制などがこれにあたる。ミクロ的な要因とは、例えば、産業などの市場規模・成長性、街への訪問客の価値観、サービスの傾向、競合都市もしくは協力してくれる都市などである。これらのうち、肯定的な要素が「機会」であり、この反対が「脅威」である。例えば、近隣都市に建設中の郊外型店舗などは、中心市街地活性化を進める中での阻害要因(脅威)である。

そして、こういう外的な周辺環境を整理した上で、その地域がもつ内的要因である「強み」(S＝Strengths)と「弱み」(W＝Weaknesses)を確認・評価する必要がある。「強み」と「弱み」は、自分の地域の有形・無形の資源、例えば、伝統・文化、交通体系、広報宣伝力、技術力、ブランド、行政の財務状況、人材、意思決定能力などを検討し、それらが他の地域より優れているか否かで分類して望ましい方向性を導いていく。いわゆる、地域の個性にあたる部分の検討を行い、「立ち位置」を再確認する作業といえる。

ただしSWOT分析においては、その外的要因である「機会」、「脅威」や内的要因である「強み」、「弱み」などの評価に特に統一的な基準がある訳ではない。それは、地域の立地にも大きく左右されるし、自治体の財務状況によっても異なるため、あくまで関連性の高い要因との相対的な関係性である。SWOT分析の前提にある、どういった周辺の街が自分の街に影響を与えているかということを、まずは正確に見極めなくてはならない。

(2) 地域診断② 地域の遺伝子分類

SWOT分析による地域診断書の作成の上で欠かせないのが、地域性の把握である。ある地域で実施された成功事例が、自分の住む街で成功するかどうかはわからないからだ。

例えば、徳島県上勝町で考案された落ち葉を集めて京都の料亭などに和食の飾り付け用として販売する「落ち葉ビジネス」の成功は、書籍化・ドラマ化されて全国に知られるようになった。ただし、同じようなことを他の地域で真似してもすぐには成功するとは限らない。なぜなら、その街の立地や文化などの特性が、上勝町とはそもそも異なるからである。

高知県高知市の帯屋町での「ひろめ市場」は、地元の食材が味わえるスペースを工夫するなど試みて賑わっている。しかし、同様の事業を試みたある商店街では、このようなビジネスは失敗に終わり、一年ほどで撤退している。

また、滋賀県長浜市で成功した、黒壁によって街並みを統一するという再生策を、他の地域で真似しようとも無理がある。それは、長浜市が多くの日帰り観光客を近接する大都市の大阪や神戸から呼べるというロケーションにあり、かつ伝統も兼ね備えているという強みを内包しているからだ。このような地域的要因に近いものをもつ街でなければ、活性化は困難である。

ここで求められるのがエリア・マーケティングという方法である。これは、様々な地域性を次のような形でいくつかに類型化して、詳細に検討することのできるようにするものである。

①街の人口規模（例えば、二〇万人以上か未満か）
②大都市に近接しているか（例えば、東京などの大都市から公共交通機関で二時間以内か）
③観光都市として成立し得るか（例えば、過去一〇年間で中心市街地への観光客は増加したか）
④郊外型店舗の規模はどの程度影響しているか（例えば、地域内すべての商業店舗の延床面積が、市町村人口×一平方メートル以下になっているか）

いわば、地域生来の特性であるために、地域遺伝子とも表現される地域性とは、これら①から④までの指標に代表されるように、地域特有の歴史や立地空間の中身である。以下、さらに詳しく検討しよう。

◇地域遺伝子① 人口規模

第2章でも検討したように、人口規模ないしは商圏人口は、街での消費量の大小を意味するので、その街の中心市街地経済に大きく影響する。例えば、大手の総合雑貨店などは、進出先を検討する際に、対象となる地域の商圏人口が五〇万人以上であるか否かがその判断基準になるという。また一般に、買回り品と呼ばれる、他店と比較検討して消費者が購入できる商品の市場が成立するには、二〇万人の商圏規模が必要ともいわれている。こうした中で一定の説得力を与える材料として、「一平方メートル・一人の商圏人口仮説」と呼ばれるものがある。これは、その名の通りその地域の人口がそのままその地域に必要とされる商業床面積を示すというものである。例えば、一〇〇〇人の人口規模の街には、一〇〇〇平方メートル分の商業用地が必要とされるという仮説である。

一例を挙げると、香川県の過去二〇年における商業売り上げのピークは一九九七年であったが、その時の売り場面積が約一一九万平方メートルであった。その時の県民人口は一〇二万人と、ほぼ一平方メートルに対して一人となっていた。そして、これ以上の床面積が供給された一九九七年以降、売り上げは減少に転じている。つまり供給過多となっており、この仮説を裏づける一つの状況証拠ともいえよう。地域人口と同等の面積規模以上に店舗を開発したら、飽和状態になってしまうという訳だ。

人口の絶対数に関しては、東京や大阪などあまりに大きな街の場合には、ビジネス街としての機能も要求されるために、観光都市的な魅力は出しにくい。ここでは第5章で紹介する全国のケースを先取りし、地価や人口減少などの変化の大きい特例市（人口二〇万人規模）の人口規模を一つの境目に、街の性質はある程度異なるものとして考えることとする。

◇地域遺伝子② 大都市との近接性

ところで、仮に人口が三〇万人規模の街でも、大阪府に近接している和歌山県のように、大都市に隣接している場合はその需要が流出するが、二時間以内に近接する競合的な大都市がない鹿児島県のように、逆に大都市から離れて自立した需要特性を秘める地域では内需が循環する。この結果、前者の中心市街地は衰退し、後者の中心市街地は現状維持、もしくは地価の上昇を経験することとなる。実際に二〇〇九年一月の地価データでは、前年同時期と比較した時に鹿児島県と新潟県のみが横ばいとなり、他の都道府県はすべて減少となっていた。

特に和歌山県の場合は、立地が交通上不利といわれている半島部に位置している上、大都市圏を抱える大阪府が近隣にあるために、域内需要の多くが和歌山県内で消費されずに他地域に吸収されてしまう。この点は、小売業の販売力の指標である小売吸引指数（商業売り上げ÷県内総生産）が裏づけとなる。この数値がワースト一位の滋賀県、三位の和歌山県、五位の奈良県は大阪都市圏に隣接し、ワースト二位の三重県は名古屋都市圏に隣接している。ワースト六位の茨城県や七位の千葉県は東京都市圏に隣接している。つまり、これらの大都市隣接県は、県内居住者が大都市に行って買い物をする典型的な地域といえる。一方、地元での消費割合が高い地域は、北海道や鹿児島県などの近隣にライバルがない地域であり、小売吸引指数も高い数値を示している。

このように、大都市が近くにあるかどうかによって、消費動向は大きく変化し、中心市街地に顧客が集まるか否かということに大きな影響を与えているのである。

◇地域遺伝子③ 観光都市としての可能性

地域の活性化において、観光ができる街か否かという視点は重要である。例えば、滋賀県長浜市には、一九八八年以来、毎年二〇〇万人の日帰り観光客が訪れていて、観光都市として中心市街地活性化に成功したケースとして名高いが、これは大都市の隣接性をプラスに利用したケースである。観光客にターゲットを絞った再生例の特徴は、長浜市のように日帰り観光客にターゲットを絞ったケースに多く、街並み整備などが重要な要素となる。その他、伝統的建造物群保存地域があるか否か、ある観光スポットだけが注目されるという「点」ではなく、街そのものを観光するという「面」として、観光客が歩いて二～三時間以内で街を周遊できるか否かなどの視点も重要な街の遺伝子といえる。

観光によって街をブランド化できれば、観光客のみならず地元客からも再評価されることになり、さらなる消費の相乗効果が期待できる。

◇地域遺伝子④　郊外型店舗の影響

郊外型店舗の件数はどの街でも年々増加傾向にある。二〇〇九年三月時点では、郊外型店舗は人口一〇万人規模の都市に何店舗あれば地域経済と共存できるか、などの問いに客観的に答える理論やデータは存在しないが、人口四〇万人ほどの都市として香川県高松市を例に挙げれば、店舗面積が一万平方メートルを超える大型店が九件、三〇〇〇平方メートルから一万平方メートルの店舗が三一件、三〇〇〇平方メートル未満の店舗が六二件存在し、比率はそれぞれ一割、三割、六割となっている。一般に地方都市の中心市街地は、平均すると総売り場面積が五万平方メートル未満であることが多く、全体の商業面積では一割にも満たない。これは、自動車中心社会が地方で発達する以前から中心市街地で商業を営む商店主にとっては、想定しなかったライバルの出現であり、中心市街地の衰退は自動車の家庭への普及によってもたらされたともいわれる理由である。

郊外型店舗の影響はここまででも述べてきたように、中心市街地で買い物をしないという直接的なシャッター化の原因になる。どう「住み分け」をするかということは、再生にとって重要な課題の一つである。

◇街ごとのタイプ別活性化戦略

さて、これまで述べた四つの地域遺伝子による状況診断をまとめると、以下のように分類が可能になる。

第一に、人口規模である。本書では一つの目安として、二〇万人以上（中都市）と二〇万人未満（小都市）の二種類に分類したい。人口二〇万人前後で分類する理由は、第2章で述べたように、この人口規模を境に都市人口を増加させている地域が多いことを根拠としている。

第二に、大都市に近接しているか否かである。具体的には、首都圏で通勤する一般的なサラリーマンの通勤時間が最大二時間程度なので、電車など公共交通機関を利用して二時間以内で大都市から街にアクセスできるか否かで二種類に分けられる。

第三に、観光面でアピールできるか否かである。観光型の街とは、既存のデータをもとに分類すると、一九九五年から二〇〇五年の一〇年間で、観光客増加が見られたか否か、もしくは、

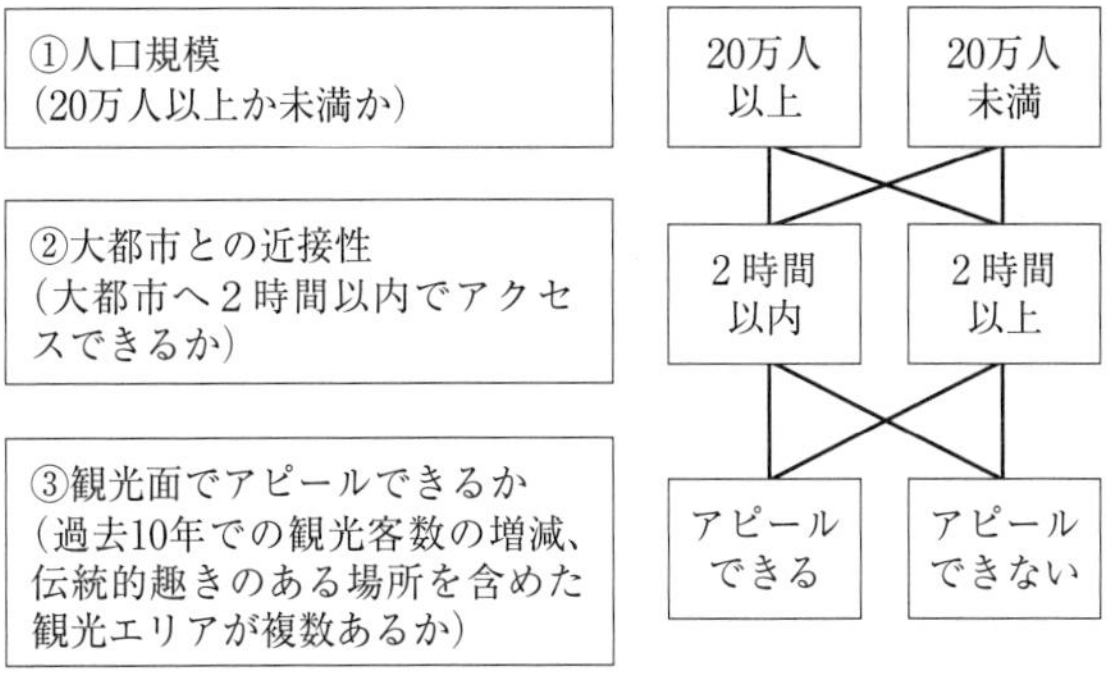

図３－２　あなたの街はどのタイプに属するか

やや主観的ではあるが、現在でも中心市街地商業施設に何らかの伝統的趣きが、単独の一つの場所ではなく周辺も含めたエリアとして、二、三か所残っているか否か（例えば、数百年以上の伝統を有する城下町であるなど）といった基準で二種類に分けられる。

　これらの三要素をかけあわせた形で、合計八種類の類型を提案したい（図３－２参照）。当然、大型の郊外型小売店舗の存在の大きさも地域性を示す一つのバロメータであるが、市場が効率化されていると考えた場合、ほぼすべての地方都市に地元もしくは全国チェーンの大型資本が既に進出していると考えられるので、要素としては含めなかった。

　なお、それぞれの街のタイプが目指すべき需要ターゲット層（顧客）であるが、これは地元客、地元以外の近隣からの顧客、一般観光客などに分類が可能だ。地元客については郊外型店舗の影響が気になるところだが、人口規模が大きければ、また街中の回遊性が既に確保されていれば、その分中心市街地でも十分に顧客のターゲットが絞り込める。また、地元以外の近隣からの誘客についても、例えば東京都豊島区の巣鴨地蔵通り商店街のように、高齢者に特化したマーケティングを行うことで集客は可能である。イベント事業などが力を発揮するのはこのあたりである。さらに観光客であるが、観光施策のターゲットにも三種類存在することを意識しておきたい。それは、「日帰り観光客」、「宿泊観光客」、「地元観光客」である。特に三番目の「地元観光客」の存在は無視できないほど大きい。何も遠方からの顧客をターゲット化しなくても、住民に地元の街を歩いてもらい、回遊性を高めるだけで街の雰囲気は大きく変わる。これらは、「非観光型」となっている地域に有効な手法といえる。

ちなみに、それぞれの地域遺伝子が、すべて否定的な結果を示す場合には注意を要する。よほどの魅力を創出しない限り、その街において顧客減、人口減となる恐れが不可避だからである。

3　第三のS・リスク管理――価値を有する選択肢をもつ

(1) リアルオプション

ここで紹介するリアルオプションモデルでは、将来が不確実だからこそ生じる経営上の「選択肢」（オプション）の価値化を行う。要するに、経営の不確実性に「価値がある」と考えるのである。選択肢の価値が数としてわかれば、今後の再生策の意思決定の時に役立つ。つまり、将来の変化が何らかの価値をもっているとして、その期待値の計算を行う。例えば、一万円のくじが一％の確率であたるとした場合、このくじの期待値は一〇〇円となる。すなわち、九九％の確率であたらない場合でも、「あたるかもしれない」という一〇〇円の価値は、当選発表前の現時点においては確かに存在する。価値があるので、この宝くじは売れるのだ。

リアルオプションモデルとは、この「あたる」、「あたらない」をもう少し細かく議論したものである。二項モデルと呼ばれる単純な株価や不動産価格などの価値推移モデルを用いて説明されることが多い。これは現在の資産価値（例えば、ある開発計画の現在の価値）を、来年度は「上昇する」、「下落する」の二種類（数学的には二項と呼ぶ）で表現する。そして、その上昇した場合、下落した場合の予想額（期待値）にそれぞれの確率をかけて、現在の価値を求めるのである。

◇ステップ① 上昇・下落のケースを考えよう

例えば、現在一〇億円の価値を有する商店街開発計画があるものの、開発コストが一一億円かかるとする。つまり、一〇億円－一一億円＝マイナス一億円となり赤字なので、現在は開発

数式1　価格の変動幅

価格の上昇幅＝10億円×$2.7^{0.2(＝標準偏差)}$

価格の下落幅＝10億円×$2.7^{-0.2(＝標準偏差)}$

この2.7は自然定数と呼ばれる数字。0.2は標準偏差（価格のバラツキが20％あるということ）。

ができない。多くの商店街はここで開発をあきらめるのが通常だ。しかし、次年度には一二億円に価値が上昇、もしくは八億円に価値が下落するという二種類の可能性があるとしよう。この場合、一二億円に上昇するということを期待して、「開発を待とう」という価値が発生する。なお、この上昇・下落の幅は、過去の平均的な変動幅（これを標準偏差と呼ぶ）でもあり、詳細な計算は割愛するが、上の数式1で計算される。

　ここでは、単純化のために一二億円、八億円としておこう。この場合、「一年だけ待つ」という選択肢が発生している。一二億円に上昇した場合、開発した時の儲けは一二億−一一・二二億円（一年後はコストも金利分（ここでは〇・〇二とする）だけ上昇していると仮定できるので、一一・二二億円とする）＝〇・七八億円となる。しかし、八億円に下がったら、八億円−一一・二二億円＝マイナス三・二二億円ということになり、赤字が今まで以上に膨らんでしまう。

　リアルオプション理論のおもしろいところは、後者の八億円のケースは、「選択肢として採用しないことが選べる点」にある。つまり、

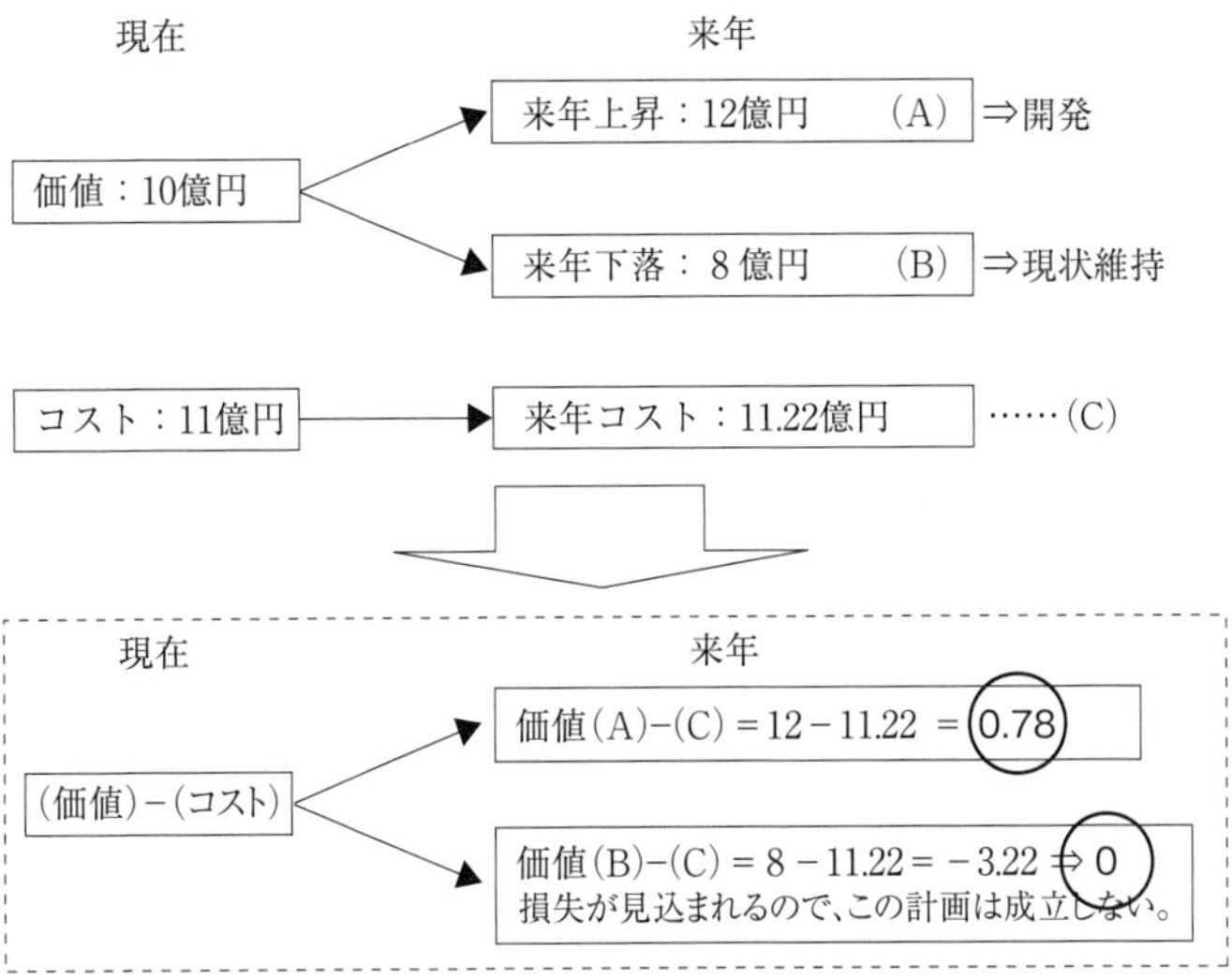

図３－３　オプション理論の基本的な考え方

数式２　来年の収益の期待値

0.78億円×0.55＋０億円×0.45≒0.43億円

八億円に下がった場合には開発をしなければよいので、この場合の価値はマイナスではなくゼロとなる（図３－３参照）。

よって、仮に〇・七八億円の儲けが出る確率が五五％で、ゼロになる確率が四五％の場合（この確率計算は、実はある特殊な手法により算出されたものであるが、この点については後述する）、来年の収益の期待値は数式４の①のように計算され、〇・四三億円になることが期待されるのである。これこそが、「一年開発を待つことで得られる儲け」であり、来年時点の**オプション価値**と呼ぶ。

◇ステップ② 現在の価値に戻そう

なお、この来年のオプション価値は、来年の期待収益であるので、現在の収益（価値）に戻さなければならない。なぜなら、我々は、「現在」を基準に、今まさに開発の意思決定をしようとしているからである。

未来から現在に価値を置き換えることを、経済学では「割り引く」と表現され、この減額率を割引率と呼ぶが、一般にこの割引率が確定的（つまり不確実性が存在しない）であれば、一年後の収益の現在価値は数式3のように求まると知られている。ところが、実は容易に先の式を利用することができないのだ（この点の解決については研究者達が相当苦労している）。価格が変動する、つまり将来が不確実な場合は、先のような一般的（確定的）な市場利子率などの割引率での割り算ができない。ただし結論を先取りすれば、不確実性を前提としたリアルオプション理論では、「リスク中立」という概念を用いれば、将来の収益を現在の収益価値に変換できるのである。

数式3　来年の価値から現在の価値への変換式

$$\frac{「来年」の収益}{1＋割引率}＝「現在」収益$$

◇ステップ③ リスク中立の確率を用いて最終的な価値を計算しよう

つまり、先の例では、一二億円と八億円という将来の二種類の収益の変化が、どのような確

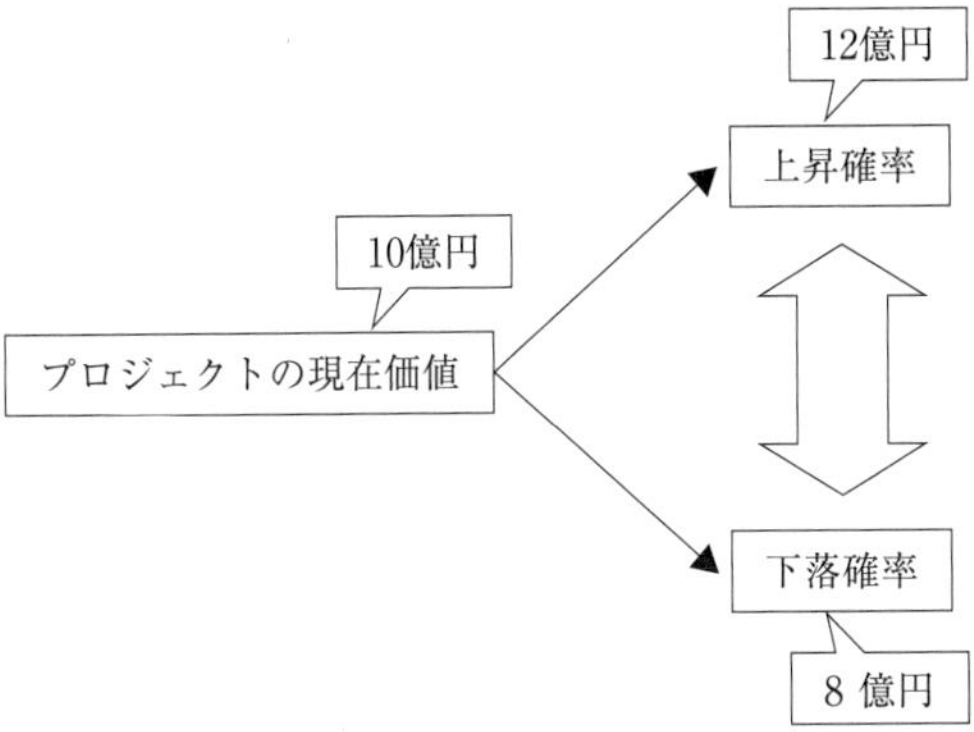

図３－４　リスク中立確率

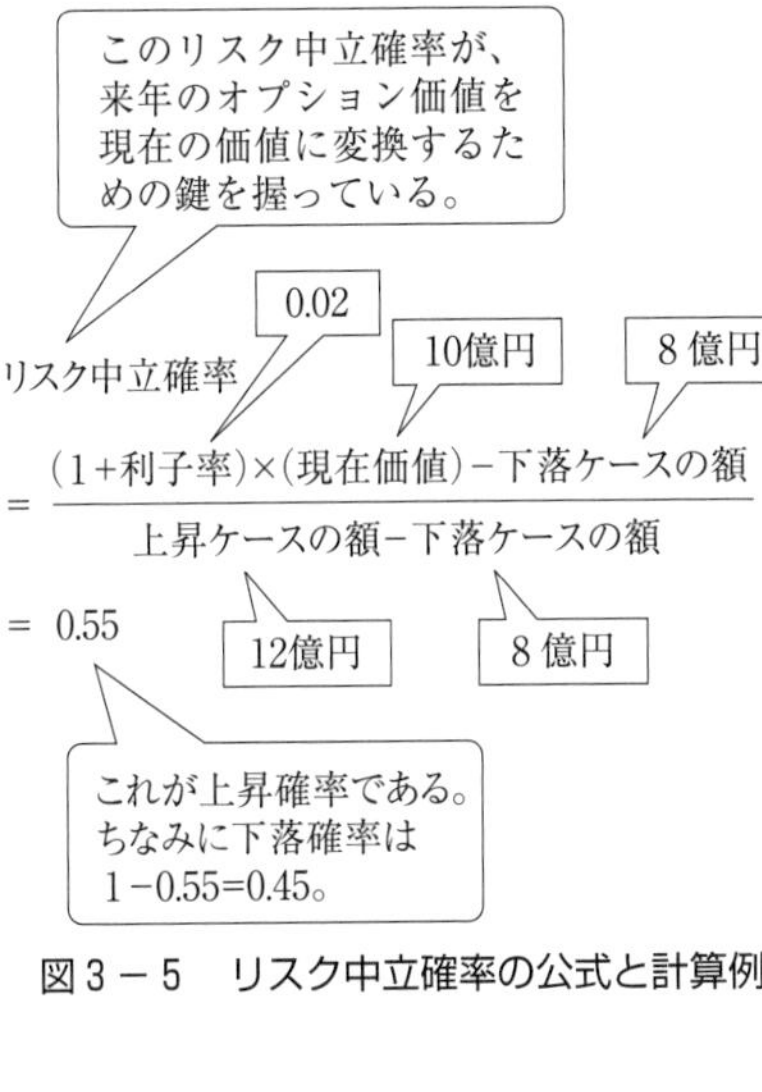

図３－５　リスク中立確率の公式と計算例

数式4　オプションの現在価値の計算式

上昇確率　下落確率

$$0.78\times 0.55+0\times 0.45\fallingdotseq 0.43 \cdots\cdots ①$$

$$\frac{0.43\text{億円}}{1+0.02}\fallingdotseq 0.42\text{億円}\cdots\cdots ②$$

$$0.42-(-1)=1.42\text{億円}\cdots\cdots ③$$（オプション価値）

当初のプロジェクト価値とコストの差額

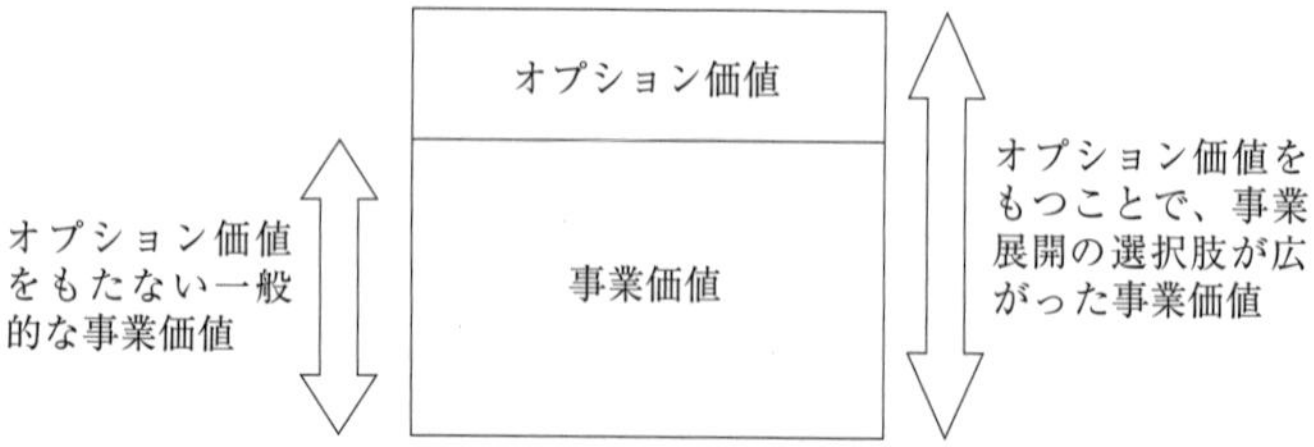

図3－6　オプション価値の事業価値への効果

率で発生するのかについて、「リスク中立確率」（例えば、上昇確率五五％、下落確率四五％）と呼ばれる仮想的な確率を用いることによって、その時だけ資産価値を現在に変換できることが証明されている（図3－5参照）。

この式の証明は紙幅の都合上割愛するが、割引率を二％とすると、これによって来年に発生が期待される〇・四三億円の価値（数式2参照）は、数式4のように変化する。

数式4の②式の〇・四二億円は、計画を延期させることによって生じた価値であり、当初マイナス一億円の計画であったことを考えると、その差額の一・四二億円がオプション価値である。なお、この事業価値は図3－6のように図式化される。

本書では、リアルオプションの詳細について説明するスペースが十分ではないが、そのエッセンスこそが大事である。リアルオプションがもっている柔軟で選択肢が明確になるという考え方に慣れていただきたい。

(2)「一・四二億円」のオプション価値がもつ意味

「景気がよくなれば計画を実行」し、「悪くなればそのままの状態を維持する」という行為は、一般の経営判断などでも行われているが、リアルオプション理論の優れた点はそれを価値化したことにある。今までの例の場合、オプション価値一・四二億円とは、開発を一年待てば得られるかもしれない利得を意味し、その額の大小は経験に左右されるが、この「待つ」オプション価値がプロジェクト全体の価値の六%程度を平均的に占める、との海外の研究報告もある。このオプションの割合が大きくなれば「待とう」というインセンティブが働き、小さくなれば「待つ」のをやめることになる。

なお、オプションには、計画そのもののタイミングの変更、計画拡大、計画縮小、その他の土地利用に変更する、などの種類がある。なお、経営上の変化への対応策を考えた既存の研究例としては、イギリスの経済学者であるパクソン（一九九七年）を参照されたい。

パクソンはリゾート開発を例に、先のオプションを組み合わせた形の混合型オプションを提案し、混合型オプション価値はオプションを含まないケースと比較して、プロジェクト（開発計画）への価値が約一・六倍に増大すると結論づけている。以下、パクソンの手法を応用して、シャッター通りの再生オプションをいくつかミックスした場合の価値の変化が、どの程度になるか数値例で見てみよう。

(3) オプションを考えたシャッター通り再生計画

商業施設からの収益が上昇した場合には事業を拡大して、逆に下落した場合には事業を縮小するという単純なオプション価値を考えてみよう。計算の詳細は省略するが、考え方の基本経

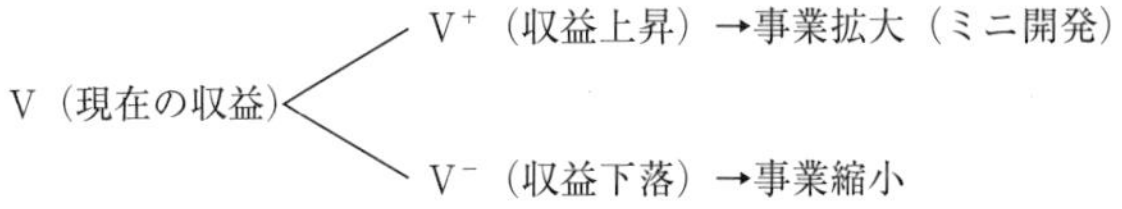

図3－7　混合オプションを考えた事業の価値

路は図3－7に示される。

この例では、中心市街地再生に向けて、中心商店街の景観整備プロジェクトを実施したケースを想定してほしい。なお、このプロジェクトを実施したとしても、顧客が増えるかどうかは不明であるが、他の地域のデータを参考にすると収益の変動率は三〇％程度と予想されるものとする。収益の上昇・下落の幅は、この変動率によって変化する点に注意されたい。

そして、今この計画の担当者は、同プロジェクトを一年後の経済予測を考慮して拡大するか縮小するか、もしくはその両方を兼ね備えた計画を実施するかを考えているものとする。

(4) 中心市街地再生プロジェクトのオプション価値はいくらか

そこで、収益が増加した場合の経営拡大（追加設備投資）、収益が減少した場合の経営縮小などを考慮した、「混合オプション」プロジェクトのそれぞれの価値計測を行った（図3－8参照）。

一般に、事業プロジェクトに何もオプションがついていない場合の価値は「1」と想定されているので、この「オプション」の価値は、「縮小オプショ

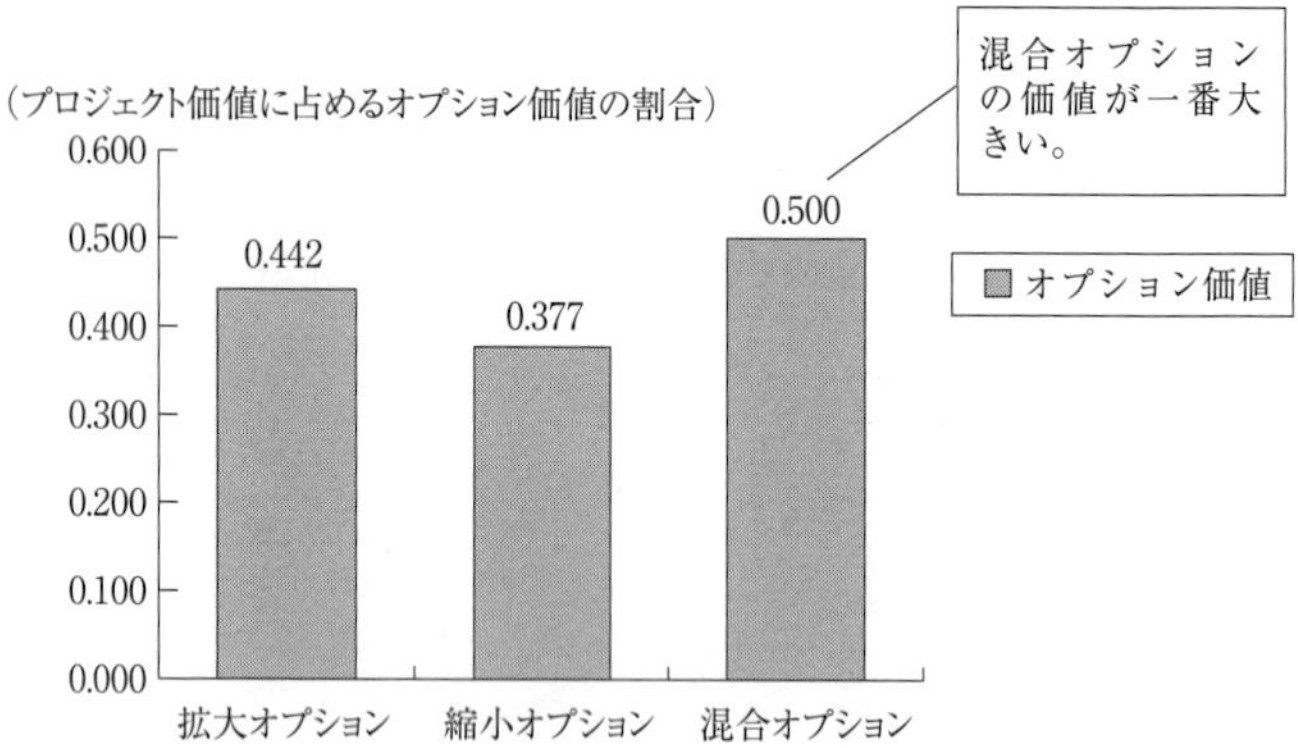

図３－８　中心市街地活性化プロジェクトのオプション価値

注：事業の拡大率1.2、事業の縮小率0.9、事業拡大コスト0.2、事業縮小コスト0.05、通常事業コスト0.5、変動率0.3、無リスク資産の利子率0.05、収益の上昇確率（リスク中立）0.51、収益の下落確率（リスク中立）0.49。

ン」、「拡大オプション」、「混合オプション」のそれぞれが、約三七%から五〇%程度の値を占めていることがわかる。つまり、経済状況の変化に応じて経営計画の変更を事前に考慮するだけで、経営に柔軟性がもたらされ、中心市街地活性化計画のプロジェクト価値は大きく上昇するのである。その値はこの数値例のように大きく、状況に応じて計画を変更できるような再生策が望ましい。そんな点をリアルオプション的な見方は教えてくれる。

リアルオプションを考慮したまちづくりこそが、不確実性が増大する今の日本の地域再生を行う上でいかに重要であるかがわかる。

(5) リアルオプションの政策評価に対する応用

中心市街地の商業施設がオプションを考えた場合のプロジェクトの価値に関する数値シミュレーションを示したが、ここではそれを応用してシャッター通り再生の現場でどのようなオプションが考えられるのか、実例に照らして考えてみよう。

香川県高松市のシャッター通り再生のプロセスは第5章で詳細に述べるが、ここではリアルオプション的経営の理解を深めるために、再生を成し遂げた高松市の丸亀町商店街の再生計画がもつ柔軟性について見てみよう。結論を先に述べれば、以下の段階的再開発の意思決定ツリーを想定したオプション的発想に基づく再開発計画が採用されているのである(図3－9参照)。

この意思決定メカニズムのもとでは、将来的な再開発プロジェクトの収益が上昇した場合、再開発を拡大(拡大オプションを採用)し、逆の場合には再開発を縮小するケースが示されている。この意思決定は予想収益の変動率という不確実性を含む部分に左右されるが、これが大きい場合にはリスクも大きいので、開発を延期するなど、その時点で判断すればよい。ちなみに、こうした事業のオプションを考慮することで、事業全体にゆとりが生まれ、全体のプロジェクト価値が増大する。高松市では二〇〇七年末にA街区と呼ばれる小規模コンパートメントの再開発が終わって営業をスタートさせたところ、売り上げが一年以内に約三倍の規模へと拡大し

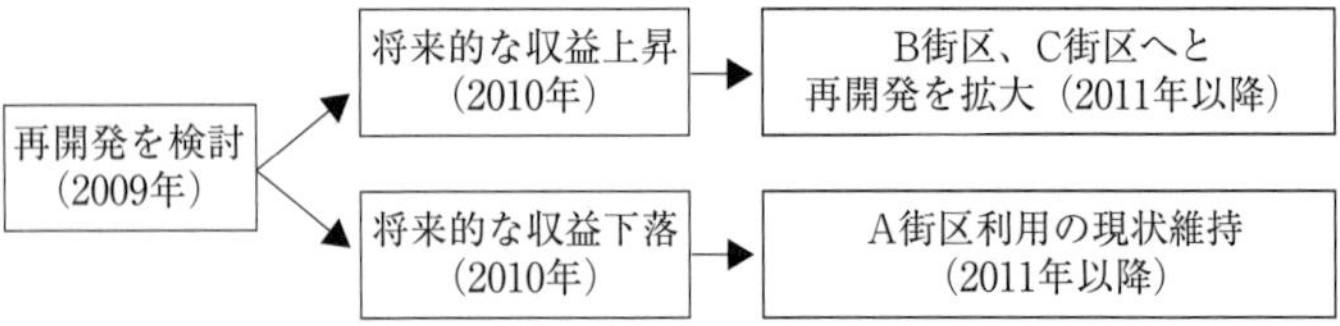

図3－9　香川県高松市の中心市街地活性化の意思決定ツリー

ている。今後は「拡大オプション」を採用し、B街区、C街区へと再開発を拡大させている。もちろん、これも経済環境の変化によっては、縮小オプションの採用も考えられる。

特に、将来的な収益の増加が不透明な場合には、不確実性が高いことを意味し、オプションの価値は増大することに注意されたい。つまり、状況に応じた事業計画の柔軟性を考慮することで、プロジェクト価値は増大するのだ。

先ほどの数値シミュレーションを利用した場合、三〇%の収益の変動率を想定すると、先の混合オプションの価値は、オプションを考えない経営と比べて約一・五倍の価値に上昇している。また、収益が下落したケース、つまり縮小オプションでは、五〇%の縮小率で価値は一・三七倍となる。いずれにしても、事業規模を将来的に変化させる可能性、つまりオプションを用意することによって活性化の事業リスクは最小化され、安定的な活性化プロジェクトが実行できよう。

その他、滋賀県長浜市でもアーケードの撤廃を「徐々に」進めたが、この手法にも「オプション的発想」が見て取れる。つまり、アーケードの撤廃が売り上げに対して影響がないと判断した場合には、途中で中止ができるという「オプション」を残しているのである。いずれにしても、オプションのもつ価値が明確に示されることで、的確な判断が可能となる。

なお、このオプション的活性化手法にはさらに大切なエッセンスが隠れている。それは、開発をしない状態において将来の選択肢が最も多く存在し、その意味でオプション価値が高いということである。再開発をしてしまうと土地利用が固定化されてしまうからだ。言い換えれば、もとの状態に戻せない、つまり不可逆的なコストが高くなっているということである。これは、本章の冒頭で示したセンチメンタル価値重視の保全型まちづくりが重要であることの一つの理論的な根拠にもなる。

4 シャッター通り再生への活性化策の種類

地域性重視の個性創造、状況診断、リスク管理という三つのSの視点を活かした再生策とは、地域の事情、経済情勢に応じたシャッター通り再生計画を示すことである。特に、「地域の事情」は重要なファクターである。先述のように、近隣に大都市がある場合、そして郊外型店舗が過密になっている街では、街自体の魅力を相当程度つけないと中心市街地商業施設への誘客は難しい。場当たり的な空きビル対策や空き店舗対策は効果がないといってよい。また、イベント事業も一時的な対策になってしまう。郊外や大都市での購買の魅力を知った顧客は、中心市街地には戻りにくいのである。

だが、政策的活路がないかといえばそうではない。供給の側から見れば「差別化策」、需要の側から見れば「ターゲティング」を明確にすればよい。例えば、福井県池田町では、福井市中心部に産直品を売り込む作戦を展開していて、売り上げが堅調に伸びている。郊外型大規模店舗の流通ルートにない特徴ある商品をそろえる可能性が、まだ中心市街地には残されているのだ。具体的な活性化策としては、次の四種類が考えられる。それらは、①コンバージョン型再生策、②再開発型再生策、③現状維持型再生策、④行政主導型再生策と呼ばれるものである。詳細は第5章に譲るが、ここでは少し先取りしておこう。

まず、コンバージョン型再生策であるが、これは三番目の現状維持型再生策に加えて、街並みに配慮を行おうというものである。大分県豊後高田市や滋賀県長浜市などは、街並みを整備することで多数の顧客を集めている。

第二に、再開発型再生策であるが、過去の事例を見ていると、土地そのものは近代的なエリアへと再生されるものの地域の個性を失う可能性があるために慎重さを要する。きれいに再開発がなされても商店街に顧客は集まらなかった、という現場に何度も出会ってきた。再開発にふさわしいような街は、全体のわずか一割弱を占めるにすぎないと思われる。

第三に、現状維持型再生策であるが、あまり資金をかけずに現状のまま商業再生・振興を図るというものである。地域の物産展の実施、空き店舗対策、イベント活動など、商店街の形状はそのままにして、できる範囲で知恵を絞ろうというものである。約八割のシャッター通り再生策がこの手法に属する。

最後に、行政主導型再生策であるが、これは交通政策や住宅政策、大学の誘致など、自治体がからむ大規模な再生策であり、全体のわずか数パーセントとなっている。

コンバージョン型再生、現状維持型再生は、その費用が比較的安価ですむケースが多いが、再開発型再生や行政主導型再生に代表されるハード面の整備は、膨大な費用となるために慎重にならざるを得ない。特に、「いつ実施するのか」という「タイミング」の模索と、できる限りの投資リスクの回避が重要となる。そこで、リアルオプション的な都市経営計画が必要になるのである。

5　着実に段階を踏んで再生へ向かう

活性化には、まず地域経済の現況診断が必要であり、ＳＷＯＴ分析や地域の遺伝子分類など

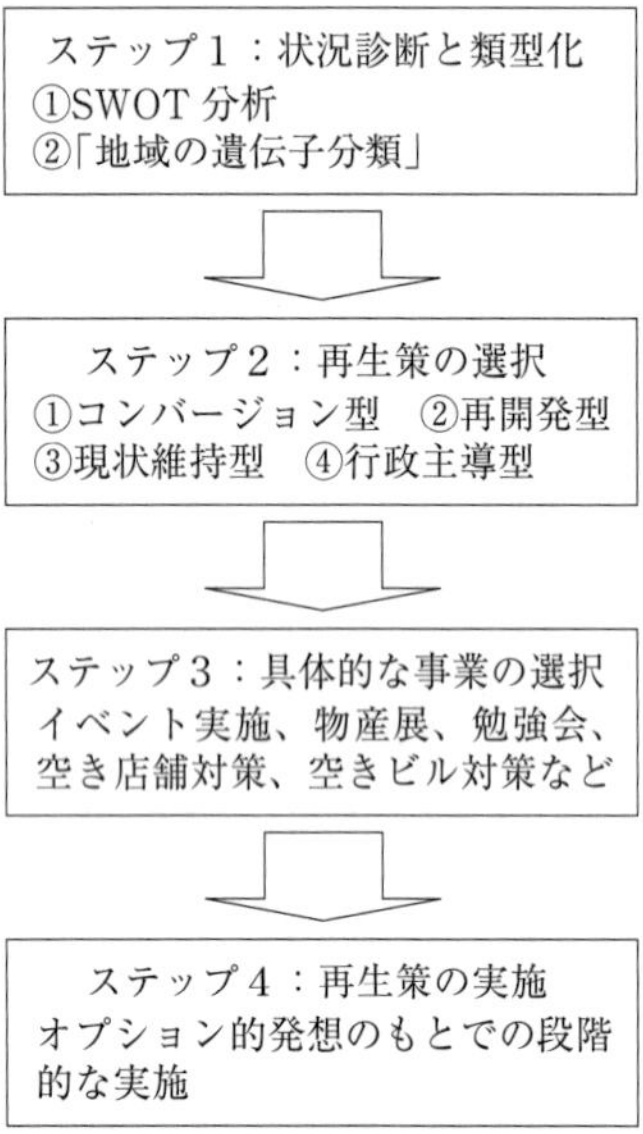

図３－10　シャッター通り再生のためのステップ

を行うことが必要である。ＳＷＯＴ分析では、その地域を取り巻く外的要因、そしてその地域固有の内的要因がわかり、地域の現状分析のツールになるものである。地域性の明確な把握を行うことで、地域の強みを生かし、弱みを縮小するような再生策が必要であるが、その際には立地特性を最大限考慮しなければならない。街の人口規模、街が大都市に近接しているか否か、街に観光的な魅力があるか否かといった分類によって、ターゲットとなっている地域の特性を理解し、類似する街の事例を参考に活性化策を模索する必要があるのである。

つまり、地域に応じた再生手法を、それぞれの地域の経済状態を考慮して実施することが肝要である。予算の制約によって再開発型再生ができない街では、商店街の販売促進やイベント事業の実施、観光商店街への可能性がある街では、街並みをある程度統一させるなどの「コンバージョン事業」、再開発の余力がある街では、地域の個性を失わない程度の再開発が必要となる。そして、その街の個性を磨くことが、都市マーケティング上重要な「差別化」戦略につながる。いずれの手法でも地域の個性を保った状態で活性化策を模索することが、成功への近道である。

これまでの議論を踏まえ、シャッター通り再生の成功例として注目すべき街と、その類型化、活性化の手法などをまとめた表3－1、表3－2をご覧いただきたい。

特に第5章で具体的に紹介する街の事例では、その立地や地域性に応じて様々な工夫がなされている。そしてその成功を導く視点が、三つのSなのである。

本章では、都市経営のリスク管理としてリアルオプション法を紹介したが、再生計画がうまく働いている街では、様々な面での政策の選択肢（オプション）が用意されていた。例えば、商店街の再開発などの場合には、徐々に開発を進めることでリスクを低くし（オプション価値は高くなる）、無理のない再生策を可能にしているのである。

本章で紹介したリアルオプション法は、将来が不確実な時のプロジェクトの評価方法であり、

表３－１　地域の遺伝子分類ごとの成功例（人口20万人未満の街）

「地域の遺伝子分類」による類型	代表的な街の例	ターゲット顧客	方向性	望ましい再生策	データが裏づける成功した点
小規模・大都市近接型・観光型	大分県豊後高田市、滋賀県長浜市、岐阜県大垣市、和歌山県湯浅町など	日帰り観光客、地元客	街並み保全型	コンバージョン型再生策	観光客増大
小規模・大都市近接型・非観光型	兵庫県篠山市、埼玉県秩父市、千葉県佐倉市、埼玉県深谷市、愛知県西尾市など	地元客、新規需要発掘	回遊性追求型	現状維持型再生策。いずれはコンバージョン型再生策への移行	ブランド力増大
小規模・大都市非近接型・観光型	大分県由布市、宮城県旧鳴子町（現在、大崎市）、石川県輪島市、広島県東広島市、山形県新庄市、富山県旧八尾町（現在、富山市）、鹿児島県奄美市など	一般観光客、地元客	街並み保全型	現状維持型再生策、コンバージョン型再生策、もしくは行政主導型再生策（PRや交通整備が必要になる）	観光客増大
小規模・大都市非近接型・非観光型	山形県酒田市など	地元客	回遊性追求型	現状維持型再生策	成功要因を裏づけるデータは少ないが、取り組みは斬新

不確実がゆえに同時に様々な危機回避の可能性が存在することを示している。不確実性が高い場合には、再開発などのタイミングを遅らせて（延期オプション）、様子を見るといい。そうすることで、「一度開発したら、街は同じ状態には戻らない」という事態を回避することができよう。

サブプライムローン問題に端を発する世界金融恐慌は、実体経済にも影響を及ぼしている。リアルオプション理論によれば、こういった状況では不確実性が高くなり、様々なリスク回避のオプション価値は相対的に上昇する。つまり、徐々に様子を見ながら再生策を進めるということが求められるのである。こうしたオ

表３－２　地域の遺伝子分類ごとの成功例（人口20万人以上の街）

「地域の遺伝子分類」による類型	代表的な街の例	ターゲット顧客	方向性	望ましい再生策	データが裏づける成功した点
中規模・大都市近接型・観光型	石川県金沢市など	観光客、ビジネス客、地元客	街並み保全型	現状維持型再生策、コンバージョン型再生策	地価の上昇
中規模・大都市近接型・非観光型	和歌山県和歌山市、兵庫県宝塚市など	地元客	回遊性追求型	現状維持型再生策、行政主導型再生策（人口規模が多いので再開発型再生策も可能）	回遊人口の増大
中規模・大都市非近接型・観光型	青森県八戸市、鹿児島県鹿児島市など	観光客、地元客	街並み保全型	現状維持型再生策。資本力がある観光都市なので、コンバージョン型再生策も望ましい	地価の上昇
中規模・大都市非近接型・非観光型	香川県高松市、富山県富山市、青森県青森市、福島県福島市など	地元客	回遊性追求型	行政主導型再生策、再開発型再生策（空港・港湾などの活用）	商業売り上げの増大

プション価値を、感覚的にでも意識化する必要がある。

地域性重視の個性創造（第一のS）、状況診断（第二のS）、リスク管理（第三のS）が、シャッター通り再生のためのキーワードである。それらがどのような形で実際に有用になっているのか、次章で紹介していきたい。

第4章　シャッター通り再生のための具体策

――何を選べば顧客は集まるのか

本章では、シャッター通り再生に成功した街の紹介に移る前に、シャッター通り再生のための具体的な事業の紹介とその効果について見てみよう。ここでは、これまでの中心市街地での具体的な政策が、どのような効果をもたらすのかについて検討を行った。特に、施策の種類ごとの効果測定の点数化を試みている。

まちづくりの個性を重視する立場から「街並みなどを保存する策」、つまり立地などを考慮した個性的なまちづくりの施策には、どのような評価がなされるだろうか。それ以外の施策はどのようなものがあって、一般的にどの施策の評判がよいのか。全国調査を実施する中で、どの自治体の関係者からも聞かれる質問である。

1 シャッター通り再生策を評価する

街の再生、とりわけ地方都市の中心市街地の活性化に関しては、二〇〇八年時点のデータによると総額一兆円近くの国土交通省、経済産業省を中心とした補助金が、全国に配分されている。それらは、都市環境における建築物、道路、橋、公民館などのハード面を修復・新設する施策と、ポイントカード発行、家賃補助などの商業活性化やお祭りなどのイベント、情報発信や宣伝活動、空きビル・空き店舗対策などに代表されるようなソフト面の施策に大別される。

それぞれの施策については、金額的な規模から、施策の影響が及ぶ範囲（空間）、時期などまで様々であり、その経済効果も把握しにくい。

これらの経済効果に関する先行研究に、日本政策投資銀行（二〇〇一年）がある。この調査では、日本全国の活性化事例を、①個性的事業主体型再生、②既存インフラ活用型再生（弱ハード型）、③住民の接点回復型再生（ソフト型）、④地域外からの所得移転型再生、に分類して分析を行っている。また、中心市街地に空洞化をもたらす要因として、①中心市街地での居住機能の滅失、②消費者の行動空間の拡大、③自動車による中心市街地へのアクセスの低さ、④中心市街地における周遊空間としての環境整備の不足、⑤商店街の努力不足、⑥新陳代謝の不足、⑦中心市街地に対する関心の低さ、の合計七つの要因を挙げている。

この①〜③までは、いわば大局的な環境の変化に起因することが多いように思われるが、④〜⑦については、地域ごとの工夫の仕方によって活性化の可能性が出てくるものと思われる。この研究では全国二六の事例を紹介し、事業主体、事業内容、予算、事業効果などに関して詳細な分析を行うなど、有益な情報を提供している。だが、得られたデータの理論的普遍性については言及されておらず、また、数少ない成功事例を中心にまとめられているために、施策の種類によってどのように影響が異なるのかについては分析がなされていない。

また、近畿経済産業局（二〇〇五年）では、近畿管内三五八自治体の中で中心市街地活性化基本計画を定めた七〇の自治体を中心に、中心市街地活性化の事業効果分析がなされている。そこでは調査対象区域を、①大都市型、大都市観光地型（いずれも人口三〇万人以上）、②地方中都市型、地方中都市観光型（いずれも人口規模五万人から三〇万人未満）、③地方小都市型、地方小都市観光型（五万人未満）に分類し、それぞれの区域の商業指標の推移や観光指標などについて詳細な分析を行っている。その中で、過去五年間で改善が見られた二五都市を抽出し（これを改善都市と定義）、改善が見られた都市においては、①観光地としての構成比率が高い、②まちづくり会社（ＴＭＯ）を設置している、③昼間人口の流出超過比率が高い、④ソフト事業比率が高い、といった点を指摘している。

さらに、マクロでの分析に加えて、ケーススタディとして滋賀県彦根市を挙げて、一九九八年に実施された花しょうぶ商店街のファサード整備に関する投資事業の事業効果は、約一億九二〇〇万円（第一次経済波及効果と第二次経済波及効果の合計）と計測している。この事業は、総事業費一億一五八万円を要していることから、費用対効果は一・八九倍となっている。

しかし、開発後の価値が生み出した定量的な効果については分析がなされていない。また、ファサード整備により商店の売り上げが増加したか否かといった踏み込んだ内容については、約九割が「増加につながっていない」と回答しており、同施策実施後四年ほどの効果はほぼ存在していないことがわかる。ちなみに、広告、ＰＲ効果については、商店街全体で一三〇五万円になると試算している。

これらの先行研究では、近年行われているまちづくり事業に関して経済波及効果を推計するなど、興味深い分析が行われている。しかし、その波及効果の測定手法については、本来市町村レベルの産業連関表を用いるべきところを、県レベルの産業連関表を利用しているなどの限界があるので、結果をやや割り引いてとらえる必要がある。

2 政策の効果を比較する

よりよいまちづくりの実現には、イベントや再開発などの様々な施策をただ単に実施するだけではなく、その事業評価が要求される。その点で、事業の費用対効果などの分析は不可欠といってもよい。ここまでに掲げた先行研究は、それなりの分析を行っているものの、「各施策がそれだけ他と比較して魅力的であるのか」という相対評価にまでは踏み込んでいない。

これは、①それぞれの事業の個別性が高く、事業をひとくくりにまとめて評価ができないこと、②経済効果などの測定は、これが可能なイベント事業などの施策と可能でないコミュニティの育成などの施策に分類されること、③都市再生関連の事業の多くは、効果が長期に及ぶために短期間では把握しにくいこと、などに起因する。特に、本書で重視している地域性重視の個性創造が行われるまちづくり施策は、どれほど効果があったか判明するのに数年から数十年かかる場合が多く、ある時点で施策が失敗と判明しても、過去に遡って補助金を返還することはできない。つまり都市政策の多くが、効果が現れるまでの懐妊期間（効果が発生するまでの期間）が長く、不可逆的な性質を有しているのである。しかし、自治体が財政難を抱える現在においては、補助金を利用して行った事業が公共性を有するか否か、つまり政策評価と納税者に対する説明責任を果たすことが必要となる。つまり、客観的に見える施策の効果測定が必要となる。

以下では、地域にあった個性的な施策のみならず、その他の中心市街地活性化に関する施策の効果についても精査し、施策効果指標の作成を試みる。

(1) 施策効果の指標

中心市街地活性化策に関して近年注目されている自治体の施策は、大きく一二種類に分類される。表4－1には各施策の種類ごとに経済効果が測定できるもの、経済効果として把握できないが質的な効果が期待されるものも併記している。

質的な効用は、環境財・公共財などと同様にマーケットでは取引されないが、社会全体にとっては必要なものである。イギリスでは、古い建造物が数多く残され、その結果多くの観光

表4－1　中心市街地活性化策の経済効果

施策の種類	事業の性質	経済効果 短期（3年以内）	経済効果 長期（3年以上）	質的効果（社会便益） 公共財	質的効果（社会便益） 準公共財（教育財）	質的効果（社会便益） 個性的価値など
街並み整備保存（景観形成）	ハード		○	○		○
再開発	ハード	○	○			
駐車サービス	ソフト	○				
空き店舗対策	ソフト	○	○			
伝統的施設活用	ソフト					○
空きビル	ソフト		○			
イベント	ソフト	○		○		
新規アイディア	ソフト			○	○	
物産販売（地産地消）	ソフト	○				○
情報発信	ソフト	○				
ベンチャー関連*	ソフト		○		○	

注：*のベンチャー関連とは、商店街内でベンチャー企業を運営する場合の補助策を指す。

客の誘致に成功している。また、伝統と文化の香りが漂う中心市街地でのショッピングは、買い物をすることに加えて、「ショッピングする楽しみ」の価値を創出している。中心市街地に限った訳ではないが、古い町並みを残すことが生活の質の面で様々な有用性を生み出す可能性は高い。

この点は、フェアチャイルドの懐妊期間の長い投資に関する分析を参考にしたい。フェアチャイルドは、特に懐妊期間中の課税は、同期間の長い投資に対して不利に働くという仮説を理論的に示している。これをシャッター通り再生のケースにあてはめたらどうなるだろうか。

中心市街地では、特に懐妊期間の長い施策は重要である。例えば、コミュニティの育成や教育効果、歴史的な街並みの保存などが、一定の懐妊期間を経て十分な効果を生み出す可能性は高い。しかし、実際には長期的な視点での最適性が担保されずに、現時点での利便性を求めてマンションなどの再開発ばかりが行われる可能性がある。最近では、中心市街地で駐車場面積の増大やマンションの乱立が増えている。都市再生に関する施策効果を議論する場合には、本来長期的な最適性などについても考慮されなければならない。この部分が、「社会的便益」と呼ばれるものである。短期においては実際の経済効果は存在しなくても、コミュニティの育成や集客環境の整備は、今後の都市再生への導線となる可能性がある。こういった導線の価値は、事後的に効力が発揮されるためにマーケットでは評価されにくいが、現場担当者は既に意識している可能性が高い。

ここでは、施策を実施した担当者に対してアンケート調査を行い、その効果について、①人を集める効果（集客効果）、②売り上げなどに貢献する効果（経済効果）に分け、この結果を示す変数として順序ロジットモデルと呼ばれる分析ツールを用いて、効果を点数化し指標を作成した。

順序ロジットモデルとは、被説明変数（説明される変数）が順序を示すもので、例えば、①から③までというように範囲の定まったデータである（「①から③まで」の例としては、①成功、②ほどほどに成功、③失敗、などの選択肢である）。そうした「被説明変数」に影響を与えると思われる変数、人口規模、事業予算、平均高齢化率、街並み整備保存（景観形成）、再開発、駐車サービス、空き店舗対策、伝統的施設の活用、空きビル対策、イベント、新規アイディア、物産販売（地産地消）、情報発信（ＰＲ）、ベンチャービジネス支援関連などを代表的な「説明変数」とした。

この調査は二〇〇六年一月、調査対象を全国のＴＭＯ（まちづくり会社）として実施した。調査票数は総数で六四一地区に郵送配布し、有効回答は三〇九、回収率は四二・八％、データの抽出は二段階階層抽出法を採用した。選定対象の自治体については、人口増加自治体、人口減少自治体、また活性化事例として各県の推薦する自治体などを対象とした。さらに、事前に配布先の担当部局に電話などで連絡を行い、ある程度回答への承諾を受けているので、回収率は一般的な郵送回収法よりも高い値となっている。

調査対象地区の平均人口は約一一万四〇〇〇人、平均高齢化率は一八％、平均補助金受取額は三・二億円であった。事業予算、人口規模などは正規分布（平均値を中心にしたデータの散らばりに一定の規則性があるもの）ではなく、やや偏りのある分布となっている。

(2) 政策の魅力度を調べる

◇集客に関する効果

活性化策における「集客力」を調べるために、先ほど紹介した順序ロジットモデルを利用し、その成功に影響を与える変数について統計的な分析を行った。その変数が「効果あり」に影響を与える場合に有意と判定する。その変数の必要性(確率)は、推計上計算されるt値という指標をもとに判定される。必要でない確率が有意水準(影響が統計的に存在するか否かの判定基準となる値)の五%より高い場合には、必要でない(効果なし)となる。

分析の結果、集客力に大きく影響する要素は、「伝統的施設の活用」、「空きビル対策」、「イベント」、「物産販売」などであることがわかった。ソフト型施策の効果の係数が統計的に有意なのである(有意水準五%の時)。

また、政策効果は、地域における「物産販売」が最も効果が大きいことがわかった(係数の値は一・七五で最も大きい)。今、産地直送野菜などの販売所が商店街などに進出しているが、こうした取り組みに失敗例が少ないことを数字でも裏づけている。

◇経済効果に対する認識評価

続いて、経済効果についての分析を行った。この結果、「街並み整備」をはじめ典型的なソフト事業である「イベントの実施」、「新規アイディア」などが、大きな効果をもつことがわかった（有意水準五％で統計的に有意であった）。

なお、このデータ分析においては、「（都市の）人口規模」の係数の符号がマイナスであったが、これは集客の効果とは異なり、人口規模が大きくなるほどに政策の効果が小さくなり、逆に比較的人口規模の小さい街ほど施策の効果が大きくなることを示している。

◇効果があるかないかを判断する総合指標の作成

得られたデータをもとに、事業予算額に関する指標、集客に影響を与える要因の得点化、金銭を介する経済効果指標を作成した。指標は、他の施策との単純比較を可能にするために、受験の時などに登場した偏差値を利用してこれを求めた。ちなみに、ここでの偏差値は、少し工夫を加えた対数変換を利用している。一般に、経済データはそのサイズの大小の差が大きく、対数に変換することでその値を縮小させ、比較しやすい形にできる。なお、「総合指標」は評価得点と事業コスト得点の比率である対数偏差値比率を用いることとし、シャッター通り再生への具体的な事業である各種方法の係数の偏差値を、コスト偏差値で除したものを用いた。事業予算の指標は、対数での変換値を求めた。

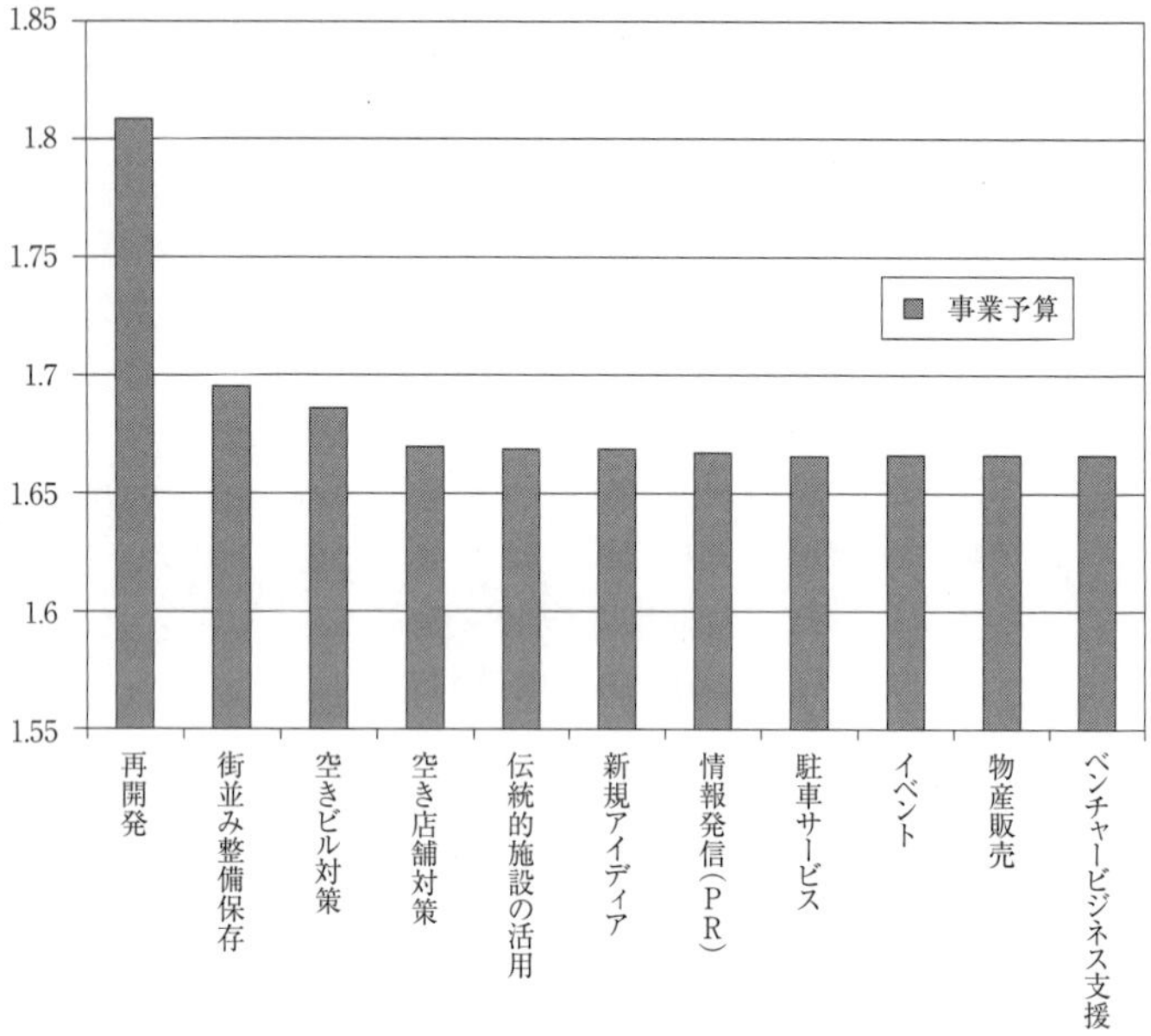

図４－１　事業予算指標

◇事業予算指標

事業予算指標については、中心市街地の「再開発」がきわめて高い値を示している（予算の対数偏差値一・八一、実際の事業予算の平均値は約三・六億円）が、ハード事業ゆえに予想された結論である。それ以外では、「空きビル」に関する施策、「街並み整備保存」、「空き店舗対策」などが続いている（いずれも実際の平均値は一〇〇〇万円から四〇〇〇万円程度）。最も事業予算が低かったのは、「物産販売」と「ベンチャービジネス支援」であった（予算の対数偏差値一・六六、実際の予算平均値は約

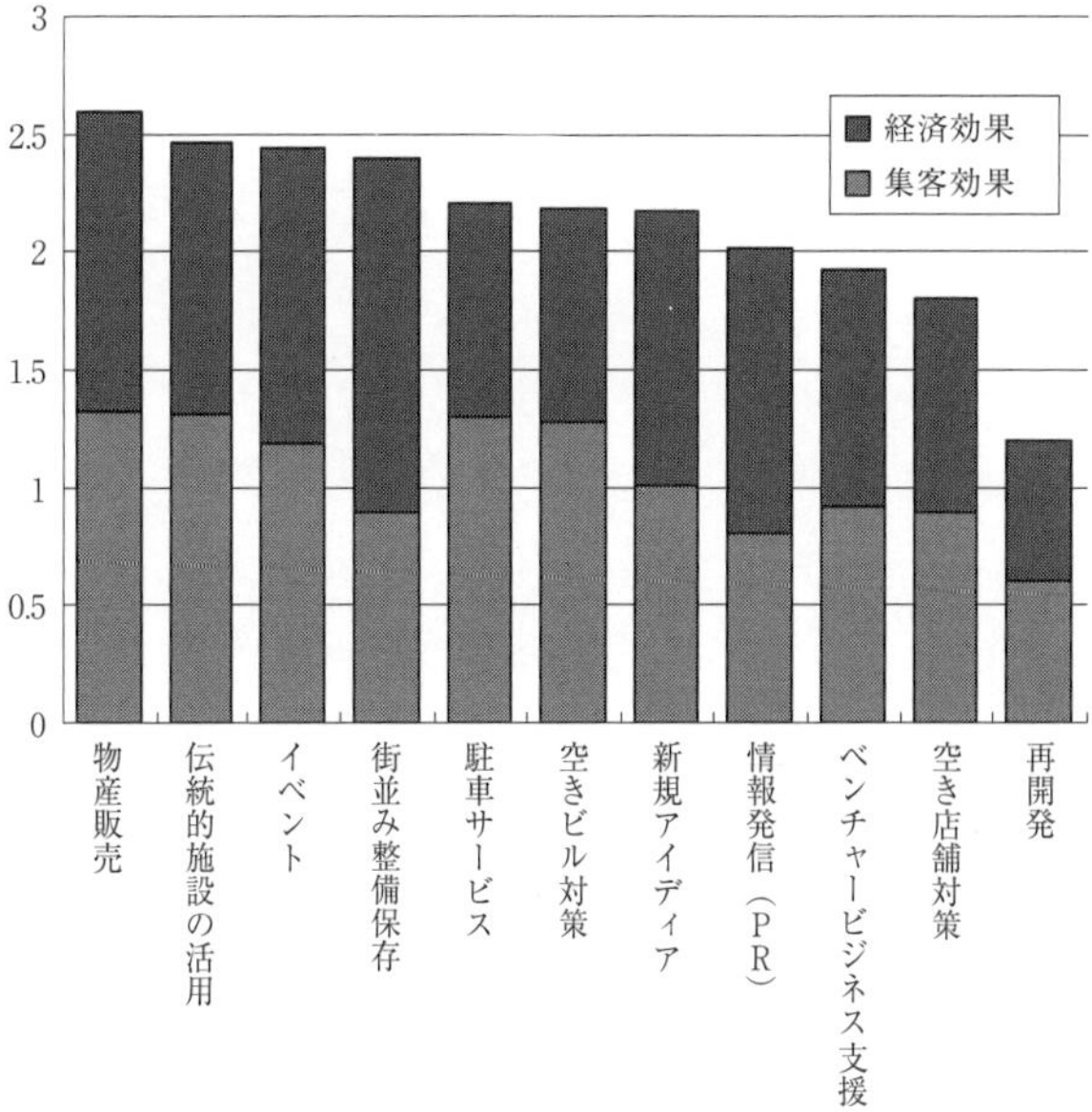

図４－２　総合指標（集客の効果と経済効果）

一〇〇〇万円）が、イベントなどソフト系のものについてはほぼ横並びとなっている（図4－1参照）。

事業予算に関する指標においては、ハード整備事業の数値が高く、ソフト事業の値が小さいとの結果を得た。「ハード事業はコストが高い」という一般的な見解と一致しているものと思われる。それを踏まえて、各事業におけるそれぞれの指標の作成を行った。

図4－2は「集客効果」、「経済効果」のそれぞれの評価指標の値と、これら二種類を単純合計した「総合指標」の値を示している。

なお、総合指標は、既に紹介した

通り短期的に人を集める効果である「集客効果」と、金銭的な移動を伴う「経済効果」の合計から構成されている。

◇シャッター通り対策として評価の高い「物産販売」

図４－２が示すように、活性化策の中で最も評価が高かったのが「物産販売」であった。次に高い値を示したのが「伝統的施設の活用」、「イベント」、「街並み整備保存」などであった。これらの事業の共通点は、ソフトタイプの事業であることだが、同時にコスト面で割安感があることが事業評価担当者に好感をもたれた理由と思われる。

一方、最下位にランクされたのは「再開発」であり、これは他の事業と比較して相対的にコストが高いことが大きく影響している。先に述べた「経済効果」についてはある程度の効果が望まれているものの、コストが高すぎることが本指標での順位を下げる要因となっているようだ。やや気になるのが、今回の分析では一貫して低い評価が与えられている「空き店舗」対策であった。「集客に関する効果」、「経済効果」ともに低い値を示している。

ところで、「空き店舗」対策よりもやや規模の大きい「空きビル」対策においては、ある程度の効果が認識されているようである。各地でのヒアリング調査でも、空きビル対策は規模が大きいこともあってか、本格的な都市マーケティングの上で実施されているケースが多いのに対して、「空き店舗」対策の場合はただ単に店舗を埋めればよいとの認識が、現場では強いように感じられる。その結果、十分な空間配置を意識した誘客の導線整備がなされていないのだ。

評価がそれほど高くない「情報発信（PR）」事業においても、現場では実際に何をどのように発信していいのかわからず、ホームページの作成などといった単にITを用いただけですませてしまっている例も多い。今後は、戦略的に地域資源をPRする必要があり、情報発信手段の効率的な方法も大いに問われよう。例えば、宮城県旧鳴子町（現在、大崎市）での取り組みは注目に値する。この地域では地域資源と観光とをうまく絡ませ、公共交通機関を巻き込んでのPRを行い、再生に成功したのである。

今回の分析では、伝統的施設を利用した事業には、比較的評価が高い結果が出ている。地域資源を再認識し、地域に眠る宝をプロデュースしながら、既存施設を有効活用して行う事業は、今後とも注目を集めるであろう。詳細は第5章に譲るが、大分県豊後高田市の昭和レトロ商店街なども参考になる。いずれも安定した集客や経済効果が期待されている。

3　推奨できる施策とは

全国のシャッター通り活性化のために行われている事業を大きく一一種類に分類し、評価の点数を計測したところ、「総合指標（総合評価）」の得点が最も高かったのは「物産販売」であった。また、「伝統的な施設の活用」、「街並み整備保存」、「イベントの実施」なども上位に位置しており、「ソフト型」の施策が全般的に評価が高いことがわかった。一方で、再開発、空き店舗対策などについては、総じて低い評価であることが結果として明らかになった。

これらの要素はそれぞれ長所と短所をもっているために、この分析だけでは一概に施策の優劣はつけがたく、また総合指標は「集客効果」、「経済効果」などの単純合計値となっているため、この検討手法の是非・修正については今後の研究の発展を待たねばならない。しかし、本指標の計測は、一定の基準を定めた上ですべてのデータの点数を算出しているために、比較可能な一定の有用な情報を与えるものと思われる。

そして、この指標の分析結果をもとにするならば、今後は個性的なシャッター通り再生手法、つまり、「ソフト型」施策、特に集客効果、経済効果の両者に高い評価を得た「物産販売」と「街並み整備保存」などの施策が、積極的に実施されるべきであろう。

次章では、これまで検討した施策の効果などに鑑みながら政策実施面での「類型化」を行い、それぞれの地域で何を目標に、具体的にどのような手順で、どのような施策を実施したらよいのかということを、全国の事例をもとに考えてみよう。

第5章　シャッター通り再生に成功した街

——四つの再生手法をどう自分の街に使うか

シャッター通りは「結果」であり、「原因」ではない。シャッター通りをもたらす主要因は郊外型店舗の存在であるとの説もあるが、実はこれも主要因とは断定できない。イギリスなどのように郊外型店舗が数多く存在する国でも、中心市街地の多くは繁栄しシャッター通りにはなっていないからだ。では、主要因は何か。それは、他の商業施設との差別化が十分になされていないなど中心市街地という場所の魅力が薄れている点と、地方都市の機能の変化など時代の変化に対応できていない点にある。

ここまでは、魅力創出のキーワードとして「センチメンタル価値」を挙げ、その必要性について述べてきた。また、リアルオプション的な発想を用いて、状況変化に対応する経営シナリオをいくつも用意することの重要性を指摘した。こうした地域性を重視した個性創造とリスク管理の視点をもってシャッター通り再生に取り組む必要があるが、果たして具体策とはいかなるものなのだろうか。それは、ハード整備を行わず現状維持のまま再生する手法と、建物の外観などを整備する手法（コンバージョン）、そしてハード整備の典型である再開発手法と行政が政策的に誘導する手法である。無論、これらは単独に存在する手法ではなく、その組み合わせも考えられる。本章では、それらの手法について成功した街のケースを交えながら見てみよう。

1　シャッター通り再生のための四つの手法

第3章でも少し触れたが、シャッター通り再生のための手法には、コンバージョン型、再開発型、現状維持型、行政主導型の四つがある。それぞれ利点と欠点があるが、かかる費用と効果やリスクに関しては、表5－1を参照されたい。

◇コンバージョン型再生

多くの地域では、シャッター通り再生のために街並みの整備を伴うコンバージョン型再生策や再開発型再生策は、予算的に困難であるとの理由から再生策の選択肢の中には入らないかもしれない。しかし、将来的に日帰りなどを含め観光客の呼び込みが期待されるような地域では、この手法はおすすめである。街全体を博物館のようにアレンジすることで、多くの観光客の呼び込みが期待できるからだ。一般に修景などにはいくらかの投資費用が必要であるが、それが街並み保全という公益性を帯びれば、様々な助成を受けられる。京都府京都市のように歴史的景観の名高い街でなくても、歴史的街並み整備のために利用できる補助金は近年では充実している。そうした補助金なども利用しながら、ゆっくりとシャッター通りを再生させるのがよい。

表5－1　シャッター通り再生策と適用区分

再生策の種類	費用	事業リスク	代表的な街の例	適用可能な街の特徴
コンバージョン型再生策	中	小	大分県豊後高田市（街並み再生）、滋賀県長浜市（街並み再生）	多少は予算が捻出できる街。大都市近郊で日帰り観光が期待できる街。
再開発型再生策	多	大	香川県高松市(再開発)	資金的に余裕があり、大きな商圏を取り込めそうな街。
現状維持型再生策	少	小	青森県八戸市、宮城県旧鳴子町	予算をかけられない街。
行政主導型再生策	多	大	石川県輪島市（空港）、富山県富山市（路面電車)、青森県青森市（コンパクトシティ）	中心市街地に顧客を誘導することへの合意が得られやすい街。その多くは交通政策を伴う。僻遠部などでも可能（路面電車誘致などが行われている)。

なおこの補助金は、自治体による「歴史的な街並み」の整備を国が支援する制度で、二〇〇八年に歴史まちづくり法として施行された。そして、二〇〇九年一月に石川県金沢市など五市の計画が認定された。伝統的な歴史をもつものが対象で、歴史の浅いものは対象外である。認定を受けると国からの補助金が提供され、歴史的建造物や街並みの整備に加え、建造物を活用した伝統行事の開催などのソフト事業も補助金の対象となる。三重県亀山市はこの認定を受け、総事業費二億二六〇〇万円のうち、九六〇〇万円を補助金からあてることになった。街並み保全を大きく支援する法律といえよう。

◇再開発型再生

再開発型再生策の成功事例で著名なのは、香川県高松市のケースである。高松市の特徴は、中心市街地の丸亀町商店街が広域から人を呼び寄せる力のある地域であり、またそれを成功させるだけの資金力が潤沢に存在する点にある。再開発は、民間からの資金をもとに行われた。一〇億円以上の事業が一般的であるためにリスクも伴う。第4章で述べたように、全国的に現場の自治体の評価が低いのも特徴である。ただし成功すれば、中心市街地全体が生まれ変わるために、人気のある手法でもある。実施にあたっては、リスク管理を行いながら慎重に進める必要があるため、リアルオプション的な発想が不可欠な再生策といえる。

◇現状維持型再生

おそらく最も現場で採用されている手法が、この現状維持型再生策であろう。これは、ハード整備は行わずに、例えば、イベントの実施、各店舗の魅力的な一品（逸品）の紹介やPRを行う一店逸品運動、そして、ガラガラ抽選会や買い物額に応じたポイントカードの導入などを行う手法である。空き店舗が生じた時にその店舗を埋めるために補助金を使うのも、基本的にはこの現状維持型再生策に属する。ハード面をいじらないために資金がかからずリスクは低い。人口規模の大小にかかわらず、すべての街に適用が可能である。しかし、抜本的な再生策にはならないケースも多く、長期的な街の魅力回復が可能か否かは未知数といえる。

◇行政主導型再生

この再生策ではハード整備が主体になるケースが多いが、再開発ではなく公共交通機関の整備や住宅政策などを用いて、住民の居住を中心市街地に誘導する方法であるコンパクトシティを導入するなどの手法もある。例えば、路面電車や空港といったインフラ整備など、国からの大掛かりな支援が受けられるために一定の経済効果は期待できるが、自治体財政に負担をかけるなどの理由によりその効果を疑問視する声もある。

2 コンバージョン型再生――街並みを変えよう

(1) 大分県豊後高田市のケース――二〇〇一年以降日帰り観光客増大

大分県豊後高田市は、大分市まで約六〇キロ、北九州市まで約九〇キロで、両市に比較的近い距離にある。北は周防灘に面し、豊かな自然と温暖で過ごしやすい瀬戸内式気候に属している。大都市近傍ゆえに人口流出が激しく、また過疎化、高齢化が進行したため、二〇〇五年三月三一日に一市二町が合併し、人口約二万人、面積は二〇六・六四平方キロの新生「豊後高田市」が誕生した。なお、人口データについては他の地域との比較をするため、時期を二〇〇九年九月時点に統一しているので、一部推計値を用いている。

豊後高田市の概況を調べるために、第3章で紹介したＳＷＯＴ分析を実施した。その結果は、外的要因としての「機会」が大都市圏福岡からの近接性、「脅威」が大型小売店舗など、内的要因としての「強み」が以下に述べる昭和のまちづくり、「弱み」が深刻な高齢化となった。また、「地域の遺伝子分類」にあてはめると、小規模、大都市近接型、観光型の街である。

この街は、ＳＷＯＴ分析で得られた「強み」の部分を生かすための街の個性の創出、つまりは「コンバージョン型再生策」が成功し、今では全国的に注目される「観光地」となった。近年その動き自体にも全国から注目が集まっており、本書の趣旨とも関連の深い街の一つだ。豊後高田市では、「昭和」が地域性を重視した個性演出のためのキーワードとなっている。

◇昭和レトロの街並み

豊後高田市の中心商店街は、数年前から街の雰囲気を「昭和レトロ」、特に昭和三〇年代の趣きの街並みを大きなモチーフとして形成されている。本書で述べているセンチメンタル価値を重視するまちづくりが行われている。

昭和レトロのまちづくりがはじまった二〇〇一年には、観光客数は二万五〇〇〇人台であったが、六年後の二〇〇七年には約三六万人と一四倍ほどに飛躍的に伸びている。年率換算では、観光客数は毎年約二倍の五万人前後ずつ増加している。そして、その多くが大都市圏である福岡からの近隣観光客である。

◇オプション的な発想をしながら、市民を巻き込んでの再生

豊後高田市のまちづくりの特徴として注目したいのは、住民参加を促進しながら徐々にまちづくりを行ってきた点である。市民レベルでの検討会がスタートしたのは一九九六年であり、昭和レトロにいたるまでの懐妊期間としての役割を果たしている。この間、市民はまちづくりに対する見識を深めた。そうして勉強会を繰り返す中でメンバーの一人が、昭和の雰囲気をもつ商店が今も地元に数多く残っていることに注目したのである。

ここでは、マーケティング的な発想を取り入れることにも成功した。マーケティングとは、消費者、観光客のニーズをつかむための分析作業のことであるが、市民が研究を深める中で商店街の中心となるモチーフを「昭和」で統一するにいたった。さらに、「昭和の建築再生」、「昭和の歴史再生」、「昭和の商品再生」、「昭和の商人再生」というように、様々な角度からこの街のイメージは「昭和」であるという印象をつくりあげていった。

修学旅行などで訪れる学生などの集客施設として、約二〇万点にも上る懐かしい「昭和のお

もちゃの博物館」もできた。さらに、店の雰囲気を昭和に変える街並みの統一も行った。一件あたり一〇〇万円ほど修繕費がかかったが、徐々に理解者を増やして二〇〇一年当初は協力者が一一件しかなかったのが、六年後には四七件と四倍以上に増加した。

豊後高田市の独特の取り組みは、大都市圏である福岡でも知られるようになり、観光客は急激に増加した。まちおこしの一つの流れができたのである。小規模な街ゆえに市民のつながりが深く、最終的に街並みまでをも変化させた好例といえる。また、徐々に計画を進めている点は事業のリスク回避にもなるために、リアルオプション的な発想も垣間見える。繰り返しになるが、この手法のよい点は失敗した場合に「引き返すことができる」点だ。まさに、様々な可能性と選択肢を残しながら、また人々を巻き込みながら徐々にコンバージョン型の再生に成功したのである。

◇農商連携の可能性

その他、豊後高田市の取り組みで注目したいのは、ここ数年試みられている農業と商業の連携に関する企画である。豊後高田市では現在、新しい農産品として「そば」を推奨している。多くの遊休農地を活用させる一つの手段として、そば産業を活性化させ、さらに流通させるために商店街と連携し、空き店舗を使った「地元のそばがたべられる店」を積極的にプロデュースしている。そばを農家が生産し、地元企業がそれを商品化・加工し、地元のレストランで食べられる。まさに不況期に特に注目される「地産地消」と呼ばれる内需拡大型の経済成長モデルを体現しており、学ぶべき点は多い。この事業は近年はじまったばかりなのだが、今後の動向に注目したい。

◇徹底した個性創造による再生

豊後高田市の成功で特筆すべきは、九州経済の中心である福岡県からの主に日帰りの観光客の誘致に成功している点である。そして、そうした顧客を誘引するために個性的な街の価値創出に徹底的にこだわっている点にも注目したい。センチメンタル価値を重視し、その他の街との差別化もなされている。

ちなみに、経済産業省は二〇〇九年三月、商店街の集客イベントなどに事業費の三分の二を補助する法案を提出した。この地域商店街活性化法により、総額数十億円に上る資金が全国の商店街に投入されることとなる。同制度を弾力的に活用すれば、今後さらに大きな効果が期待できるだろう。

(2) 滋賀県長浜市のケース——観光客が二〇年で二〇倍に

滋賀県長浜市（人口約八万人、面積二四七平方キロ）は、かつては豊臣秀吉の居城長浜城の城下町として栄え、北国街道と呼ばれる京都から福井に抜ける商人街道筋で賑わった街でもある。また、大通寺などで知られる門前町でもあり、琵琶湖畔の北側の街としての魅力もある。戦後、この街の中心市街地はさびれ、商業は低迷し、高齢化が進んでいった。典型的な停滞ムードが漂う地方都市であり、一九八〇年代の観光客は九万人程度だった。だが、以下で述べる独特のまちづくりを実施した結果、一九九〇年代初頭から二〇〇八年までで二〇倍の観光客、年間約二〇〇万人が長浜市を訪れるようになった。

SWOT分析を用いて診断すると、外的要因としての「機会」が立地の利便性、「脅威」が近隣に日帰りのライバル観光地の出現、内的要因としての「強み」が歴史と伝統、「弱み」が資金力となった。また、「地域の遺伝子分類」にあてはめると、小規模、大都市近接型、観光型の街である。

つまり、各種の制約を意識しながら、「立地の強みを生かし、歴史と伝統を魅力的に創出する」ことが、この地域の戦略として浮かび上がってくる。果たして長浜市はどのような手法を選んだのか。この街の再生のきっかけは一九八九年に遡る。

◇株式会社黒壁の誕生

一九八〇年代に街の衰退を危惧した長浜市の若者によって、一九八九年に民間資本を中心として株式会社黒壁が設立された。これを契機に街は大きく変貌を遂げることとなる。

長浜市の中心部には、明治時代に第一三〇銀行長浜支店として建築され、外壁が黒漆の様相であることから「黒壁銀行」などの愛称で親しまれていた建物がある。その保存と活用のために、民間企業より八人の有志が集い、長浜市の支援を受けて出資金約一億三〇〇〇万円で株式会社黒壁というまちづくりの拠点をスタートさせたのである。この黒壁の特徴は、行政からの資金援助を受けているにもかかわらず、基本的には「民間資金」を基盤にして活動するという形でまちづくりを行っている点である。まさに、この一億三〇〇〇万円こそが街の個性を残しながら活性化を目指す「センチメンタル的都市再生」の手法であり、市民の愛着が生んだ投資資金ともいえる。同社は、この資本金をベースに昔ながらの風景を残しながらの空き店舗整備を進めていった。

◇新しい個性価値の創造

黒壁ではガラス製品が販売され、観光客から大変な人気を集めている。同社は「歴史性」、「文化芸術性」、「国際性」などをコンセプトとした事業展開をしているが、ガラス製品はこの街の歴史には存在しない。ここに集まってくるガラス製品の多くは他の街でつくられたものだが、「販売」を通じて街の個性を出している。まさに、秀吉時代の商人気質の発想が根づいているといえる。

つまり、精神的には「もてなし」、「近江商人」としての古くからの商人気質を、新商品である「ガラス」に託すことで、現代的な形として体現しようとしているのである。ちなみに、黒壁はガラスショップ、工房、ギャラリー、ガラス美術館、レストランなど一〇の施設を直営で展開している。その理念の拡大と充実を図ったことで、ガラス工芸とまちづくりを融合させる総合サービス文化事業を創出した。

◇街のマーケティング

その他の特徴として、一般的な街では地元買い物客（顔なじみ）の誘客を商業活性化の主な対象としているのに対し、黒壁では長浜市外の日帰り観光客のみに特化しているといっても過言ではない戦略を取っている点に注目したい。

街の顧客のターゲットを絞り込むことで、売るべき商品戦略も明確になる。街並みについても観光客をターゲットにしているためか、基本的に和風、黒色で統一されている。道もアスファルトではなくタイルを使用しており、景観に最大限の配慮を施している。さらに、ガラスやオルゴールなどの土産物の店が多く、これらが長浜市の新しい伝統をつくりあげている点に加え、街道筋の特徴を活かして「さば」を主力とする食材の提供を行っている点が、新旧入り混じった個性創造の成功例として挙げられよう。地域の安売り情報やイベントに関する広報は、街全体の地図が毎年更新され、お祭りなどの情報も地図上に記入されている。

街の再生にあたっての資金は、民間資金を中心としながらも行政からの補助、寄付金を有機的に組み合わせている。建物の正面の外観などの個人資産に資する部分の整備は、一部行政からの補助が出るものの、基本的には個人負担となっている。

また、長浜市中心市街地の立地マーケティングの特徴として、地の利を最大限に利用している点が挙げられる。つまり長浜市では、①湖畔の町（琵琶湖）、②城下町（長浜城）、③門前町（大通寺）、④街道筋（北国街道）などの特徴を有機的に連動させ、観光客は約三時間程度で中心市街地を含めた観光名所をすべて回遊できる。さらに、黒壁の事業と前後して長浜市と京阪神地区を通って兵庫県姫路市までを二時間半程度で結んだJR西日本の新快速電車が運行を開始し、大量の日帰り観光客を運ぶことが可能になった（長浜・大阪間は約九五分）。このため、日帰り観光客を対象とするマーケティングとしては、十分にその有用性が発揮されている。

まさに、市民が愛する伝統を現代風にアレンジしつつも活かしている「景観伝統保全型オプション」的な発想の街の再生手法といえる。無論、このパターンがただちに他の街で応用できるかどうかは一概にはいえない。しかし、明確なビジョンをもち、当初から大都市・大資本と勝負することを避けるなど、ただ古いものを残すだけではなく古いものを活かすマーケティングを実践しているのだ。街としての他所との十分な差別化、住み分けが行われているのである。

(3) コンバージョン型再生策は、小規模な大都市周辺の街が最も効果的

大分県豊後高田市は、コンバージョン型再生策で最も成功した事例といってよい。その要因は、大都市に近いため「日帰り観光客」の誘引が可能であった点だ。日帰り客が二〇〇万人と二〇年前の二〇倍以上にまで伸びた滋賀県長浜市もほぼ同様の特徴をもつ。後述する和歌山県湯浅町も大阪からは一時間半でアクセスが可能だ。つまり、コンバージョン型再生策が成功する要因としては、巨大人口圏からのアクセスのよさが挙げられるだろう。

地元客の政策的誘引がやや希薄になっている面は否めないが、仕事は大都市で、観光は周辺地域でという都市圏の住民のニーズを見事にとらえている。しかし、日帰り観光客数は毎年増え続けるものでもなく、競合地域の台頭などによっていつかは飽和点に達するであろう。そのため、毎年のように変わる外的要因、つまりSWOT分析での「機会」と「脅威」を常に意識する必要がある。また、新しい魅力の再発見を常に行う必要もある。その際に大事なのは第3章で述べたオプション的な発想での街の再生といえる。大分県豊後高田市のケースでは、コン

バージョン型再生にとどまらず、農商連携という新たなオプションを用意することで（第三のSの発想）、仮に昭和レトロに飽きられた場合でも人々を魅了し続ける可能性（選択肢）を確保しているのである。

思い切った状況判断とオプション的な発想こそが、この特徴をもつ地域でのまちづくりを持続的に支えると思われる。大都市近郊であれば小規模・中規模と人口規模は問わないが、特に小規模で個性的な趣きのある街には向いている再生策である。そばで有名な兵庫県旧出石町（現在、豊岡市）など、大都市から遠隔地でもワンストップ型観光が可能な地域にも適用が可能と思われる。

その他、コンバージョン型再生策で成功した事例をいくつか紹介しよう。

岐阜県大垣市（人口約一六万人、面積二〇六・五二平方キロ）の大垣商工会議所では、二〇〇四年に「にぎわい芭蕉元禄村事業」と称して、元禄風景観づくりを実施した。商店街の各店舗に大暖簾《だいのれん》を設置したり、各所に芭蕉の句の幟《のぼり》を設置したりして元禄風の街並み景観づくりを行った。また、「屋台売り」各店舗の軒先に販売台を出し、元禄風ショッピング街を演出した。事業期間中、会場である中心市街地への大垣市内外からの集客は五五万人以上にもなった。各店の売り上げに関しても、商店主から増加したとの声が聞かれ、各店への波及効果も高かったものと思われる。ちなみに大垣市は、「地域の遺伝子分類」にあてはめると、小規模、大都市近接型、観光型の街である。

また、和歌山県湯浅町（人口約一万人、面積二〇・八〇平方キロ）の湯浅商工会では、二〇〇四年度から五か年計画で商店街街路灯整備事業を実施した。湯浅町が道路整備に関連し、石畳風コンクリートブロック舗装化に合わせて既設の街路灯を撤去し、約一二〇メートルの通りに石畳風舗装の雰囲気とマッチした行灯《あんどん》型街路灯一〇基を新設するという取り組みである。また、商店街振興会から街並みにあったデザインの街灯を設置したいという申し出があったため、湯浅町のTMO（まちづくり会社）が後方支援しながら整備に取り組んでいる。事業費の三分の二を商店街振興会の自主財源で補ったが、同会によると「まちづくりへの参画意識が大きく変化した」という。湯浅町のこうした取り組みは、後に伝統的建造物群保存地区への指定へとつながっている。ちなみに湯浅町は、「地域の遺伝子分類」にあてはめると、小規模、大都市近接型、観光型の街である。

富山県旧八尾町（現在、富山市）（人口約二万人、面積二三六・八六平方キロ）の商工会では、一九九九年に「アートタウン八尾」という事業を行った。これは、八尾の伝統的な家屋などを開放してアート作品展を行うものである。例えば、「坂の街のアート」においては山野草を飾る「野の花展」を開催したり、イベント期間に実験的に観光商業に即した取り組みを行う「十日商い」を実施したり、また商店のウインドウなどにお宝やアート作品を飾る「ウインドウアート」などの事業を行った。同事業を実施した結果、街ぐるみのアート化が進み、年間数百人規模だった来訪者数が約三万人へと大幅に増大した。ちなみに旧八尾町は、「地域の遺伝子分類」にあてはめると、小規模、大都市非近接型、観光型の街である。

3 再開発型再生——新しい街に生まれ変わる

(1) 香川県高松市のケース——まちづくり会社による土地活用

香川県高松市(人口約四二万人、面積三七五・一一平方キロ)にある丸亀町商店街は、一五八八年に開町し、四二〇年の歴史と伝統を誇る。バブル景気時には一日の平均歩行者交通量が三万人であったのが、バブル崩壊を機に、歩行者交通量は下落の一途をたどることとなり、二〇〇八年時点では一万二〇〇〇人である。また、「東京の新橋とほぼ同じレベル」とまでいわれた地価も、最盛期の一九九一年には一平方メートルあたり五八〇万円であったのが、二〇〇八年には三二万円と約二〇分の一にまで下落した。そんな中、再開発型の手法を選択し、見事シャッター通り再生に成功したのが丸亀町商店街である。この商店街はA街区からG街区までのミニ街区から構成されている。まずはA街区の再生事業が完了し、その結果、開発前の一〇億円の商業売り上げが、開発後には三三億円へと大きく伸びた。また、歩行者交通量も開発前は一万二〇〇〇人であったのが、開発後には一万八〇〇〇人へと五〇％増加している。その結果、固定資産税の納付額は、開発利益の増大により四〇〇〇万円から三六〇〇〇万円へと九倍の伸びになった。

ＳＷＯＴ分析を用いて診断すると、外的要因としての「機会」が、丸亀町商店街の再開発の成功が国のモデルケースとして認められ、経済産業省などを中心とする補助金などによる支援策が充実している点、「脅威」が高松市の都市計画における線引きの廃止と二〇〇五年以降特に増え続ける郊外型店舗の存在、内的要因としての「強み」が地方都市としては珍しい商店街の商品の多様性（ブランドショップ、例えば、コーチやルイ・ヴィトンなど高級店が営業している）、「弱み」が個別商店街を地区全体としてはとらえきれていない点である。また、「地域の遺伝子分類」にあてはめると、中規模、大都市非近接型、非観光型の街である。以下、高松市の再開発の手法に焦点を絞って見ていきたい。

◇中心市街地問題＝土地問題としての理解

丸亀町商店街再生の特徴は、その土地問題の克服と再開発の手法にあることは広く知られた事実である。

ところで、「地権者合意を経て、権利交換、そして富の配分」というプロセスをたどる再開発事業は、多くの地域では地権者の土地所有意志が強いのとリスクが不確実であるため、失敗するケースが多い。再開発型再生策に最も重要なのは、地権者の同意とそこにいたるまでの合意形成であり、それを説得する組織の存在である。

地権者を説得するためには、相応の利益とリスク管理、そして何よりも「信用できる人が説明にくる」ことがポイントにある。この点で高松市の成功の秘訣は、「まちづくり会社」の存在とその地位を高めた「財政基盤」の存在にある。高松市のまちづくり会社は、その母体である高松丸亀町商店街振興組合が一九七〇年代から築いてきた五か所からなる駐車場経営に成功したという予算面での背景をもつ。また、同振興組合は組合員数四二〇人（店舗数一五七店舗）で、その全員が地権者という点も大きい（基本的には地権者でなければ加入できないのである）。賦課金は一〇％を取っているため、予算規模は四億五〇〇〇万円と一般的な地方都市の振興組合とは比べ物にならないほどの資金量を誇っている。

つまり、地権者同士が豊富な資金をもち、既にネットワークを有している点が、この町の再開発事業を可能にさせている。また、地権者同意のインセンティブとして、バブル景気のころに借金した際の担保であった土地がその後の地価下落で担保割れしたために、一時的に赤字を抱える商店経営者が多くなり、高松丸亀町商店街振興組合専務理事の熊紀三夫氏によれば「何とか土地を有効活用しなければ」という機運が生まれたという。

こういった「地権者の危機意識」と「ネットワーク」、そして「（まちづくり会社の）財政基盤」とが融合して、これから述べる定期借地制度を利用した土地再開発事業が成功した。

◇定期借地制度と土地利用の高度化

先述のように、バブル崩壊後、四国一高いといわれた丸亀町商店街の地価は二〇分の一程度にまで下落した。その結果、下落する地価に対して土地の保有意欲は薄れ、戦略的な有効活用へ向けた機運が漂いはじめたのである。

ここで丸亀町商店街が採用した手法が、土地所有権を残したまま土地利用の高度化が可能な「定期借地権制度」である。再開発後の権利床については地権者がこれを取得し、保留床についてはまちづくり会社が取得する。総額六六億円の事業費のうち、建物については行政の補助金を活用した事業とし、土地については借地契約としたので、コストパフォーマンスに優れた再生策となっている。この結果、投資の利回りは年率二五％という高い水準で計算され、土地所有者は相当額の地代を取得することが可能となった。

借地の期限は六二年なので、いずれは返還され、この間の地代と再開発利益も地権者が受け取ることができる。テナントについても収益連動型の家賃システムの採用により、売り上げが少ない場合には低い家賃での営業が可能となった。この点も、新しく店舗を構えるオーナーにとっては魅力的であった。

◇定期借地制度の課題

しかし、一般的にはこのように地権者が定期借地制度に同意することは容易ではない。様々なリスクが介在するからである。その一つが、定期借地として貸し出している土地の相続の発生であり、その際にはまちづくり会社が土地を買い取らなければならない。そのための引当金を確保する必要もあろう。また、現在は経営が好調なものの、商業売り上げが低迷した場合には空き店舗が発生するリスクもある。空き店舗が発生した場合には、その分地権者の収入が減るために、これを期待して生活設計をしていた地権者にとっては、売却もできないために対応に苦慮することになるものと思われる。丸亀町商店街の場合は、まちづくり会社がA街区からその他の街区にいたるまで総合的にテナントミックスするなどのマネジメントを行っており、リスクに対しては緻密な経営予測・計算がなされていた。そのため、様々なリスクを考慮した上で十分な再生計画を行うならば問題はないであろう。

◇郊外型店舗に対する広域的施策の欠如

現在、丸亀町商店街は激しい競争の波にさらされている。香川県には約四〇〇万人の商圏人口があるといわれ、そのパイを奪い合うために、中心市街地商業施設と郊外型施設との激しい戦いが繰り広げられていて、その勢いは増すばかりなのである。香川県の道路整備率がきわめて高いことも、郊外型店舗の出店に魅力的な地域となっている。二〇年ほど前までは郊外型店舗の進出に関しては無風地帯であったが、ここ数年はゆめタウン高松（一九九八年九月、店舗面積五万二九六二平方メートル）、イオン高松（二〇〇七年四月、店舗面積四万二〇〇〇平方メートル）、マルナカ栗林南店（一九九八年七月、店舗面積八七四六平方メートル）など様々な店舗が進出し、この一〇年間での郊外型店舗の増加率では全国トップクラスといえる。これに対する中心市街地は、コトデン瓦町ビル（天満屋）（店舗面積二万九一九六平方メートル）、三越（店舗面積二万二四七四平方メートル）、丸亀町商店街（店舗面積二万平方メートル）であり、店舗面積の面では中心市街地の商業施設は圧倒的に不利な状況におかれている。

さらに高松市の外部にもイオン綾川（二〇〇八年七月、香川県綾川町）、ゆめタウン三豊（二〇〇八年一一月、香川県三豊市）などが続々と進出した。イオン綾川は約四万平方メートルの店舗の広さで面積規模においては他の町内商業施設を圧倒している。まさに、香川県は郊外において大規模小売店が乱立する様相を呈しているのである。この結果、中心市街地の丸亀町商店街の歩行者交通量が再び減少傾向を見せている。

なお、丸亀町商店街の「売り上げ」自体は今のところ減少していないが、歩行者交通量と売り上げの間には、若干の時間差を伴うものの相関関係が見られるのも事実である。歩行者交通量が落ちはじめた一九八五年ごろから七年後に売り上げはピークを迎えたが、その後すぐに売り上げも落ち込んだという苦い過去の経験がある。今後の郊外型大型店舗の進出に注視せざるを得ない状況である。

◇郊外型店舗の問題点

ところで、香川県のここ数年の商業統計を見ると、ある興味深い点に気がつく。それは、「売り場面積」は過去一〇年間で増大傾向にあるが、「販売量」、「従業員数」、そして「事業所数」は減少傾向にあるという点である。売り場面積の増大に貢献している郊外型店舗は、一度の出店によって一〇〇〇人から二〇〇〇人の雇用を生むはずなので、「従業員数の減少」が発生する理由は不可解に見える。しかし、高松丸亀町商店街振興組合専務理事の熊紀三夫氏によれば、この現象は次のようなプロセスで説明できる。

①郊外型店舗の誘致は雇用を生むが、そのほとんどがパート従業員である。
②郊外型店舗の進出により、中心市街地の商業施設などの店舗がさびれることによって、雇用の減少が起こる。

③その結果、この二つの雇用増減が相殺されて、全体としては雇用の減少を生む。これは「正規社員（中心市街地で経営を営んでいた人々）」の減少と「パート（郊外型店舗の従業員）」の増加ということ、つまり雇用市場における業態転換、不安定雇用の増大を意味する。

つまりこの結果、長期的には正社員と比べて賃金の低いパート雇用が多くなるために、家計の総所得は減少、市民の購買力は落ち、大型小売店舗の売り上げをはじめ都市全体の売り上げは減少してしまう可能性があるということである。要するに、郊外型店舗の進出は、長期的には雇用市場に派遣労働者、パート労働者などの「不安定」雇用の増大を促進し、また地域全体としては相対的に安定雇用である正社員が減少するという負の効果を与えることを示唆している。

なお、この現象は高松市内に限られたことではなく、他地域にもあてはまることは容易に推測できるであろう。全国的に発生している「雇用問題」と「郊外型店舗の進出」が、相互にリンクしてくるのである。地方都市で郊外型店舗に依存しがちな消費社会が進むことに対して、警鐘を鳴らす見解の一例といえよう。

◇行政の役割

郊外型店舗の出店ラッシュという問題に対しては、香川県と各市町村の連携のもとで広域的な商業施策とまちづくりを実施する必要がある。香川県も二〇〇七年七月に「中心市街地活性化に関するガイドライン」を作成し、高松市と香川県の施策の住み分けに関する協定書を作成した。その結果、香川県が独自にできるものとして、市街地の整備改善支援、空き店舗対策、街中居住支援、多様な主体の活動促進、交通体系の整備など、国の支援事業と一括して補助金などを整備している。今後は、このガイドラインの実効性も問われるであろう。

(2) 再開発型再生策は、やや規模の大きい遠隔地の街で可能

香川県高松市のケースでは、次々と建設される郊外型商業施設に真正面から対抗する手段としての中心市街地の再開発効果の大きさが印象的であった。それは全国的にもまれに見るまちづくり会社の四億円以上の資産の存在によってもたらされたものであり、経営も今のところ順調といえる。徐々に計画を進めるという意味においてはリアルオプション的発想のよい実践例といえよう。ただし、再開発型再生策はよほど大きな商圏が存在しないと実現できない方法でもある。高松市は四国の玄関口として巨大人口圏を抱えており、そのことが商店街にブランドショップが存在するという一般では考えられないような出店状況を可能にしている。

なお、中心地区の地価は二〇〇八年のデータを見る限り上昇しており、雇用の吸収も達成されている。また、四二万人の人口規模を誇る都市として、伝統に裏打ちされた中心市街地のブランド価値の存在により、郊外型店舗と住み分けができている点は注目したい。長年の伝統に根ざした街全体の新しい魅力を再生しているのだ。

しかし、県民経済全体に立ち返った時に、増え続ける郊外型店舗については、福島県のように広域的な視座に立った条例を整備するなど、一定の土地利用規制をかけるべきであろう。なぜなら、延床面積が増えるほど中心市街地の売り上げは減少し、正社員が減少してパートが増えるという労働市場での流動化が進んでいることが容易に推測されるからである。これは、経済厚生と呼ばれる社会全体の満足度の観点からも健全ではない。新しい街の魅力を磨きつつ、オプション的な発想でリスク管理を行い、再開発事業に挑んだ高松市の挑戦に今後も期待したい。なお、再開発型再生策は、一定の集客が期待できれば人口規模に関係なく実行はできる。

また、再開発型再生策は、非観光型の街での適用が可能な点も大きな特徴といえる。例えば、富山県富山市（人口約四二万人、面積一二四一・八五平方キロ）では、富山駅周辺地区南北一体のまちづくり再開発事業を実施している。二〇〇七年九月、賑わい創出の拠点として中心市街地の総曲輪《そうがわ》通り商店街に、南地区市街地再開発の一環として大規模開発ビル「総曲輪フェリオ」が建てられた。キーテナントの大和富山店と三〇ほどの専門店が入っており、売り場面積三万五〇〇〇平方メートルでオープンした。その後、フェリオのある総曲輪通り商店街では、売り上げが増加した店舗が減少した店舗を上回った。ただし、富山市らしさの創出には苦戦しており、全体的な魅力の創出などが今後の課題である。ちなみに富山市は、「地域の遺伝子分類」にあてはめると、中規模、大都市非近接型、非観光型の街である。

再開発型再生策は、ハイリスク・ハイリターンの方法ともいえる。

4　現状維持型再生——ソフトで勝負

(1) 青森県八戸市のケース——市場《いちば》という個性

青森県八戸市は、太平洋を臨む青森県の南東部に位置し、人口約二四万人、面積三〇五・一七平方キロの街である。臨海部には大規模な工業港、漁港、商業港が整備されており、背後に工業地帯が形成され、優れた港湾施設を有する全国屈指の水産都市、北東北随一の工業都市として地域経済の拠点となっている。また、二〇〇五年三月に合併した南郷地区（旧南郷村）は、「ジャズとそばの街」として全国的な知名度を誇り、ブルーベリーなどの地場産品を生かした特産物の開発なども行われている。

SWOT分析を用いて診断すると、外的要因としての「機会」が二〇〇二年一二月の新幹線延伸によるビジネス客や観光客の増加、「脅威」が大型小売店の乱立（地元の大型店としてラピア（一九九〇年に開店、延床面積二万二五一〇平方メートル）、ピアドゥ（一九九八年に開店、延床面積二万五四一〇平方メートル）などがある）、内的要因としての「強み」が以下で述べる個性的な市場、「弱み」が中核的商業施設の中心市街地からの撤退である。また、「地域の遺伝子分類」にあてはめると、中規模、大都市非近接型、観光型の街である。

◇市場的趣きの街

二〇〇二年の東北新幹線延伸に伴い、八戸市の中心市街地はビジネス客や観光客が増加し、活気にあふれている。中でも注目したいのが八戸市の集客産業の目玉となっている「朝市」である。八戸市内には九か所の市場があり、早いところでは朝三時からオープンし、市場専用の循環バスも近年運行するようになった（二〇〇八年現在、ただし四月から一一月までの期間）。バスは午前五時から午後七時ごろまで街の中心部と海浜部を廻り、一日の平均利用客数は約二〇人から四〇人前後で、夏季に利用客が多い。利用者は二〇〇五年度で往復合計一三七五人であった。主に近海で採れるイカやカレイなどの人気があり、市場によっては三〇〇店舗近い出店が見られる。

また、海の朝市と呼ばれる館鼻漁港での市場は、三月中旬から一二月までオープンし、一日の平均利用客は三万人程度といわれている。海浜部の立地をうまく活かした市場のまちづくりがなされているのである。

さらに、八戸市の産業の中で注目したいのが飲食産業である。八戸市の中心市街地に位置する「みろく横町」と呼ばれる飲食街は、長さ一〇〇メートルで、現在二四店舗が集まる下町風の食事処の多い、北国の独特の風情を醸し出す場所である。みろく横町以外にも五か所ほどこういった飲食街がある。このみろく横町の集客数であるが、二〇〇三年から二〇〇六年までの年平均で二三万人程度が利用している。一店舗あたりの売り上げは約三〇〇〇万円弱となっており、かなり大きな需要を賄っていることになる。これも朝市と連動した形で、行政と八戸せんべい汁研究所などの市民団体が協働して、街の宣伝を行ったことの効果が大きいものと思われる。その場所でしか得られない市場の魅力と民間をベースにした広報力とで、街の再生を図っている。食をモチーフとした個性ある価値が体現されている。

◇八戸ブランドの再構築

八戸市はその他にも数多くの魅力的な拠点が存在するが、やはり海辺の地の利を活かしたこの朝市の取り組みに学ぶべき点は多い。さらに、新幹線の駅をもつことになったという「機会」をうまく利用した事例といえる。

さらに、八戸市の特徴として、地の利を生かして長年をかけて築いてきた地元ブランドを徹底的に見直し、うまくPRしている点を挙げたい。それが市街地の活性化や観光再生にもつながり、街を盛り上げている。つまり、街独自の個性的魅力「アイデンティティ」を、「食・味」の角度から再度プロデュースし、その結果としての「ブランド」づくりに貢献している。その背景にあるのは、地元への愛着心（センチメンタル価値）だろう。

（2）宮城県旧鳴子町のケース――個性のネットワーク化への試み

東北随一の名湯を有する宮城県旧鳴子町（現在、大崎市）（人口約一三万人、面積七九六・七六平方キロ）は、合併前の二〇〇四年当時、人口約九〇〇〇人、面積三二六平方キロの小規模な街で、街の収入の七〇％を観光業に依存し、その他は畜産業と中山間地農業などによって成り立っていた。しかし、一九九一年に一五六万人を記録していた観光客数が、二〇〇三年には七二万人とほぼ半減し、宿泊者数も六五万人から三四万人へと半減した。

ＳＷＯＴ分析を用いて診断すると、外的要因としての「機会」が近年の健康ブームによる温泉需要の増加と大都市圏である仙台からのほどよい距離、「脅威」が九州やその他ライバルとなる温泉地の攻勢、内的要因としての「強み」がこれから述べる「湯治《とうじ》」をモチーフにした独自性の高い温泉地の存在、「弱み」が地場産業のこけしの衰退と観光客数の減少である。また、

「地域の遺伝子分類」にあてはめると、小規模、大都市非近接型、観光型の街である。

そこで、「強み」を考えれば、「湯治」を軸とした健康志向の商業・観光政策を行うという方向性になるのである。

◇観光客数激減少阻止大作戦

観光客数激減の事態を打開するために鳴子町が採用した再生策が、「観光客一〇〇万人作戦」である。基本的には観光客の大幅な増加を目標とするのではなく、減少を食い止めることに主眼をおき、一九九八年から「湯めぐり手形（シール六枚つきで一二〇〇円）」、二〇〇二年からは「街を歩けば下駄も鳴子」事業を展開した。この「街を歩けば下駄も鳴子」事業とは、観光客が浴衣姿に下駄を履くと、商店などで割引を受けられるという誘客事業である。二〇〇一年には、宮城大学事業構想学部の宮原育子研究室とともに、鳴子町が街並み調査を行い、「ちょっと歩けば下駄も鳴子」として発表、歩きたくなるまちづくりをモチーフに、二〇〇二年にはJR東日本との商品化によって同年四月にスタートした。運営は企画実行委員会を組織してはじめられたが、予算については鳴子町観光協会、鳴子温泉観光協会、鳴子温泉旅館組合、鳴子町、商工会の協力を得た。そして、参加店協賛金なども獲得することとなった。

◇一店逸品運動との連携

鳴子町のもう一つの特徴は、中心商店街と温泉街の魅力強化とその融合にある。ＪＲ鳴子温泉駅周辺の商店街も衰退が進み、事態を重く見た商工会は二〇〇一年の事業で「商店街競争力強化推進事業」を導入し、「鳴子町一店逸品運動」をはじめた。一店逸品運動は、静岡県静岡市にある呉服町からはじまったもので、各店舗の逸品の開発・販売強化などを行うマーケティング手法の一つであり、現在では全国大会が開催されるなど商店街再生のための盛んな試みとなっている。

鳴子町では、商店街活性化のためのコンサルタントを招聘し、月一、二回程度の頻度でワークショップを開催した。各商店の商品開発や商品販売などのマネジメントについて学習を行い、独自の商品開発を支援した。一店逸品運動については、商店主を中心として「でっぺクラブ」と呼ばれる組織を結成し、メンバーは一五人ほどであった。なお、二〇〇二年三月には鳴子逸品ホットフェアを開催し、大盛況となった。

「ちょっと歩けば下駄も鳴子」企画に端を発したまちづくりであるが、効果としては、①知名度アップ、②民間企業であるＪＲ東日本との協力体制の確立、③宿泊客数減少の歯止め、④商店街の意識改革、⑤予算の効率的な利用、などが挙げられる。今後はイベントを中心とする仕組みから、日常の魅力を再発見する観光都市への移行を目指している。

◇「湯治」に賭けた街と今後の方向性

鳴子町は近年、鳴子温泉旅館のメンバーが集ってはじめた「湯治」、「温泉療養プラン」を用いた体験型観光を進めている。

温泉療養プランでは、温泉旅館に泊まりながら鳴子温泉病院で診療を受け、医師の指示で温泉療養などを行う。旅館は医療施設への予約や送迎なども行い、空いた時間には地元の農業体験や間伐材の加工なども行えるようなプランを用意する。「体験」と「療養」を組み合わせた新しいタイプの観光であるが、ここでのキーワードは「健康」である。これまでの単なる癒しの温泉地区から、「健康」をモチーフにしてまちづくりを行うことにより他地域との差別化を図ることに成功し、注目を集めている。

二〇〇八年には、この「湯治」と美術・音楽・映画や演劇などの各種アートイベントが結集する夏祭りも実施された。八月からの開催期間で二三組七〇人のアーティストが参加した。なおこの祭りは、二〇〇七年からNPO法人となった「東鳴子ゆめ会議」が主催している。週ごとの来客数は初回が二〇〇人程度だったのが、二〇〇八年時点では五〇〇人を超す盛況ぶりとなった。古きよき伝統の中に現代的なアートを交えた試みは、ガラス工芸を新たな街の逸品に加えた滋賀県長浜市の手法と通ずるものがある。

このように「伝統」を意識しながら新しいまちづくりを行うことは、二一世紀の街の再生には不可欠といえる。鳴子町の場合、もともとの観光資源を有機的に結びつけている点が興味深い。この作業は、既にあるものを再発見する作業であるので予算がかからず、かつ新しい価値を提供してくれるからである。ハード面では現状維持をしながら、個性を重視した街の再生の一つの形といえる。

(3) 石川県金沢市のケース――条例を活用した古さと新しさの共存

石川県金沢市（人口約四五万人、面積四六七・七七平方キロ）は、石川県の県庁所在地であり北陸地方の経済の中心である。四〇〇年以上戦災や自然災害を受けていない城下町の街並み、文化や伝統などを守りながら、政治、文化、経済の中心として発展を続けてきた。一九九六年には中核市となり、北陸の小京都とまで呼ばれる風情を醸し出している。また、これまでも数多くの景観条例を整備し、徹底した景観まちづくりにこだわったために、都市機能と金沢城を中心とした観光地機能が共存する街としても知られている。

ＳＷＯＴ分析を用いて診断すると、外的要因としての「機会」が二〇〇九年三月からの高速道路料金値下げによる観光客の増大、「脅威」が京都府京都市や島根県松江市などライバルとなる観光地の攻勢、内的要因としての「強み」が金沢二一世紀美術館など核となる観光拠点の存在、「弱み」が商店街の空洞化、特に一部の商業集積地域では二五％を超えるシャッター化現象が起きていることである。また、「地域の遺伝子分類」にあてはめると、中規模、大都市近接型、観光型の街である（関西圏からのアクセスが公共交通機関で二時間強のため、大都市近接型とした）。

つまり、「強み」である伝統・景観を、空洞化が進む中心市街地に生かす戦略が望まれる。

◇集客数の下げ止まり

金沢市の中心市街地人口は、他の街の例にもれず、この一〇年で一万二〇〇〇人ほど減少している。また、中心市街地の高齢化も進み、金沢市全体の高齢化率は二一％であるのに対して、中心市街地では二八・二％と約三割が高齢者となっている。さらに中心市街地の売り上げも、一九九七年の二一六二億円から二〇〇四年の一五九八億円へと減少しており、停滞ムードが漂う。

しかし、金沢市の中心市街地にある主要商店街の歩行者・自転車交通量は、香林坊地区で二〇〇五年から二〇〇七年にかけて一〇・四％、近江町市場で二〇〇五年から二〇〇七年にかけて二三％増加している。特にこれらの地区では、歩行者全体に占める女性の割合が男性の二倍になっており、「女性をひきつける回遊性の創出」に成功している。また、調査地点の六八地点のうち、約三分の二の四一地点で平日の歩行者交通量を休日のそれが上回る結果となってい

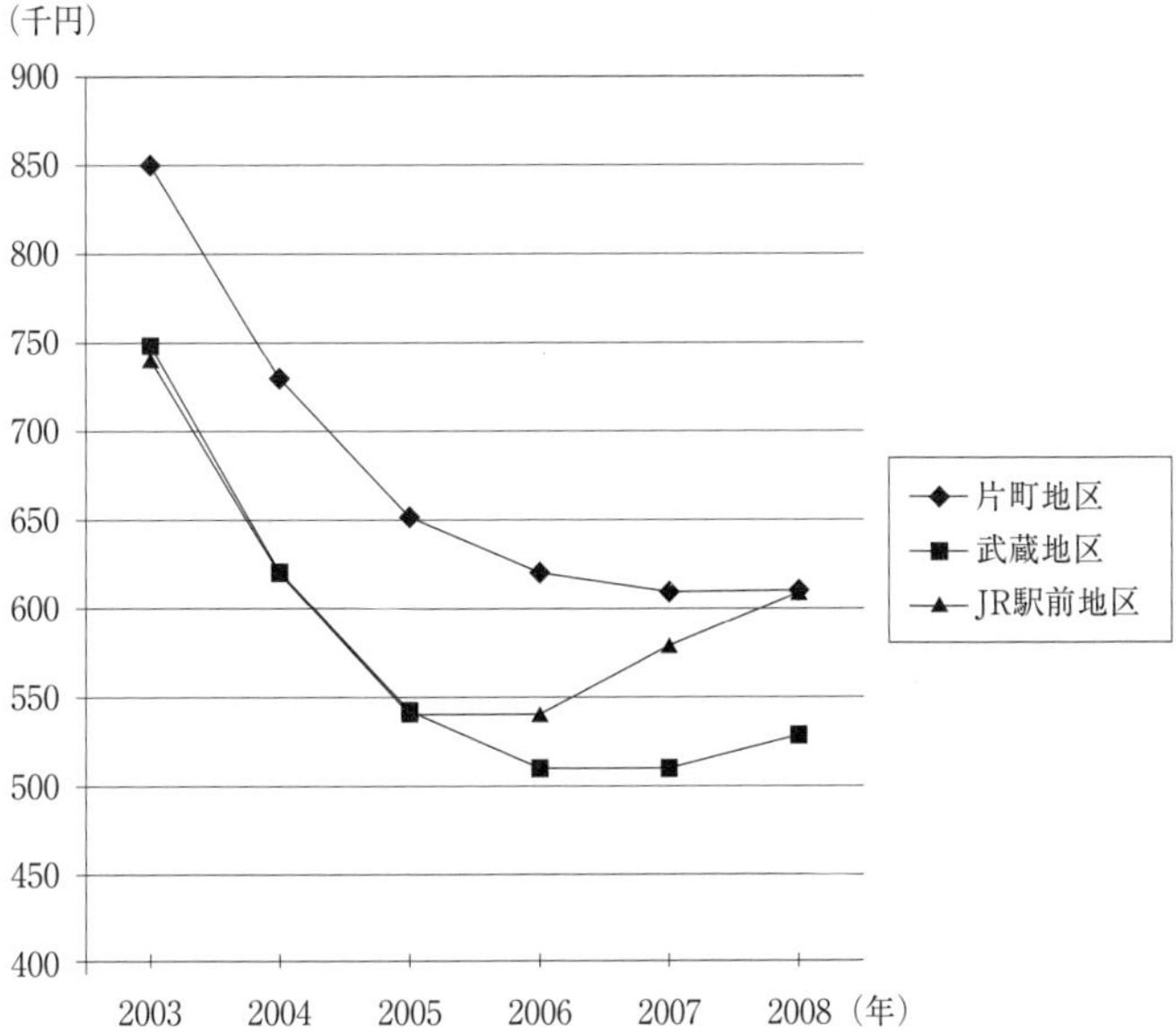

図5－1　金沢市中心市街地の地価の推移

出所：2007年公示地価。

る。また、一九九一年に最高の一平方メートルあたり五八〇万円をつけた中心市街地地区の地価は、年々下落傾向となり、二〇〇六年には一平方メートルあたり五一万円と一〇分の一ほどに下落したが、二〇〇八年には五三万円とわずかながら上昇に転じている（図5－1参照）。

この背景として様々な理由が考えられるが、観光による集客が目覚しい二〇〇四年一〇月に開館した金沢二一世紀美術館の存在、景観整備各種条例の効果などが挙げられる。以下、金沢二一世紀美術館と景観整備条例による金沢市独自の再生手法を見てみよう。

◇金沢二一世紀美術館

この美術館には現代美術が所蔵されており、もとは金沢大学教育学部附属幼稚園・小学校・中学校があった場所に建てられた。中心市街地の主要公共施設の延べ利用者数は緩やかな減少傾向を示していたが、二〇〇四年一〇月九日の開館に伴い、金沢二一世紀美術館への訪問客数は二〇〇四年度の六八万人から二〇〇五年度の一三五万人へと急増し、その他の中心市街地の主要公共施設利用者数も二〇〇四年度の二八八万人から二〇〇五年度の三四九万人へと大幅に伸びている。つまり、二一世紀美術館来館客が回遊することで、その他の施設にも好影響が波及している。これは拠点整備の成功例といってよい。

◇四〇年にわたり街並みを守り続ける条例

金沢市では一九六八年に全国に先駆けて、「金沢市伝統環境保存条例」が制定された。さらに、一九八九年の「金沢市における伝統環境の保存および美しい景観の形成に関する条例」(いわゆる「景観条例」)では、「市民参加」を重視するとともに、伝統環境に加えて近代的景観の整備にも取り組み、金沢の個性を生かした総合的で計画的な街の景観づくりを進めることとしている。

この一九八九年に制定された景観条例では、伝統環境保存区域（三二区域、一五五八・五ヘクタール）と近代的都市景観創出区域（一三区域、一五三・八ヘクタール）を決めて、その区域内での建築物、建築敷地、公共空間についての景観形成基準などを定めている。一九九四年には、歴史的風情を残すちょっとした小さい街並みを保存する「金沢市こまちなみ保存条例」、また一九九六年には、金沢市内の市内総延長約一五〇キロの用水を保全する「金沢市用水保全条例」などが次々と制定されている。さらに、起伏ある地形の保全のために、一九九七年には斜面緑地を保全する「金沢市斜面緑地保全条例」など、金沢の特性を保存するための条例を定め、金沢の特色ある良好な景観や環境を保全するまちづくりを進めてきた。

このように、時代とともに景観条例を整備し直し、場合によっては新たに制定する姿勢は、「一度条例をつくればそれでおわり」の傾向が強い他の地域の景観政策にも大いに参考になるであろう。

◇市民目線の制度化

さらに注目したいのが、マンションなどの乱開発を市民の視点で規制し、市街化区域内を対象とした「金沢市における市民参画によるまちづくりの推進に関する条例」と、市街化調整区域及び都市計画区域外を対象にした「金沢市における土地利用の適正化に関する条例」である。これらは二〇〇〇年七月から施行されている。

条例導入の目的は、いわゆる「市民の目から見てそぐわないマンション開発」の実質的な規制である。実際に、市街化調整区域や都市計画区域外でも、時代の変化の中で法規制にふれない様々な開発が想定されるようになってきたため、環境面、景観面、地域のコミュニティなどの面から開発の規制が必要になってきた。この課題を、「市民目線」を活用して実行しているのである。景観規制という主観的な分野の調整に、専門家だけではなく市民の意見も取り入れる姿勢に学ぶべき点は多い。

◇郊外型大型店舗も規制

また特筆すべきは、二〇〇二年施行の「商業環境形成まちづくり条例」が制定されている点である。これは、大規模小売店舗の無秩序な拡散を防止し、さらに中心市街地への集積をも目的としている。乱立する郊外型店舗に対し、抜本策を欠く国の都市計画法を補う金沢市独自の施策といえる。

この条例の制定後は、中心市街地以外では五〇〇〇平方メートルを超える大規模小売店舗の出店はない。ただし、広域的な規制策を講じなければ、愛知県豊田市の失敗例のようになってしまう。豊田市は郊外開発を厳格に規制したが、周辺市町は十分な規制を行わなかった。この結果、周辺市町に大規模小売店舗が乱立し、豊田市内の買い物客がそちらへ流れてしまったのだ。つまり、「正直者が損をする」ことのないように、市町村を超えた都道府県レベルによる広域システムの調整が望まれるのである。

この点では、福島県の商業まちづくり推進条例が参考になる。福島県では、「歩いて暮らせるコンパクトなまちづくり」や「環境への負荷の少ない持続可能なまちづくり」の考え方に基づき、二〇〇六年から条例を施行している。

◇新旧混合のメリハリ

金沢市は、JR金沢駅前の近代化された都市構造と、中心市街地や武家屋敷周辺の古い趣きの街並みが絶妙に共存する街である。北陸の中心都市としての金沢市の魅力は、何といっても観光都市であるが、産業都市としても全国的に勝負できる街としての魅力の幅をもっている。それを実現させているのは、一般的な都市計画法だけでは対処できない、時代の変化や個性の喪失に対処する形で登場してきた独自の土地規制条例である。これらの条例は、「(観光都市化への)懐妊期間を守る」意味で、重要な役割を果たしているのだ。

多くの街の地価が下落傾向を示す中、JR金沢駅周辺、また中心市街地でも地価は反転して上昇傾向を見せており、今後の展開が期待できよう（ただし、二〇〇九年は世界同時不況の影響などにより地価は不安定な動きを示している）。地価の反転は、この街のもっている立地の魅力を十分に活かした、個性を残したまちづくりが展開されていることの証明の一つでもある。

また、JR金沢駅前の近代化策と中心部の保全策という手法は、時代のニーズに合わせて開発地域を拡大するなど、変化・対応させることが可能である。つまり、変化に対する選択肢が用意されているため、時代の急激な変化などによっても政策の方向性を変更することができる。リスクに強い再生策の構造となっている点にも注目したい。

（4）現状維持型再生策は、遠隔地にある小規模な街に向いている

これらの地域の特徴は、冷静な現状分析に基づき、それぞれの街の「弱み」の制約の中で、「強み」を最大限に活かすという手法を取ったことである。これらの街に共通していえるのは、「観光都市」のもつ数々の魅力であり、街並み保全や温泉地振興、そして食のブランド化などの手法に長けているという点である。青森県八戸市は、新幹線の延伸をきっかけに「市場《いちば》」の魅力を再構築した。また、宮城県旧鳴子町では、温泉自体の魅力が競合温泉都市の台頭という外的要因の変化により不利になった反面、新たな付加価値である「湯治」というアイディアを生み出した。つまり、外的な環境変化（SWOT分析における「脅威」）に的確に対応している。

石川県金沢市の場合、ハードをいじらずに「条例整備」という形で現状の街並みを維持している。既に街並みが保全されている街では参考になる事例といえる。

また、今あるものを活かしながら行う再生策は、第3章で述べた「いつかは別の利用が可能である」という意味でのオプション価値を残しているので、その分の総合的な価値は大きいものとなっている。

さらに、大都市近郊ではないため、大きな需要が期待できない代わりに、大都市に消費を奪われる心配もない。自らの街の魅力を高めながらほどよく成長する姿が、このタイプの街の特徴といえよう。

全体として、この再生策は人口規模や大都市への近接性などにかかわらず、どの地域でも利用できるが、特に衰退の激しい非観光型の地域での実施が望まれる。資金をあまり投入せずにできるこの現状維持型再生策により、まずは市民意識を高め、ある程度の目処がついたらコンバージョン型再生策を施して観光都市を目指すという再生計画を描くことができる。街の許容範囲の中で部分的に再開発を行ってもよいが、最終的に目指すべきは個性的な街の創造である。

その他、現状維持型再生策で成功したと思われる街の事例を紹介しよう。ちなみに、この事例が全国で一番多いのである。

山形県新庄市（人口約三万人、面積二二三・〇八平方キロ）の新庄商工会議所では、手づくり長屋事業として市内の伝統工芸や市民の手づくり作品を、空き店舗で制作・展示・販売するとともに、交流スペースとしての活用を図った。周辺の商店の売り上げが伸びるまでにはいかなかったものの、顧客が商店街にくるきっかけが増えたという。ちなみに新庄市は、「地域の遺伝子分類」にあてはめると、小規模、大都市非近接型、非観光型の街である。

埼玉県深谷市（人口約一四万人、面積一三七・五八平方キロ）の深谷商工会議所では、二〇〇五年に市役所内の銀行跡地を賃借してミニシアターを設置し、NPO法人「市民シアター・エフ」がミニシアターの運営を行っている。周辺都市のシネマコンプレックスなどとの競合を避ける観点から、レトロ系やミニシアター系の映画を中心に一日四回・月に二〇～二五日上映している。その結果、一か月に約二〇〇〇人が来場した。市内はもとより周辺地域からの来場者もつかんで中心市街地の集客力の向上につながっており、この深谷シネマ周辺の飲食店などの売り上げ増加に貢献している。ちなみに深谷市は、「地域の遺伝子分類」にあてはめると、小規模、大都市近接型、非観光型の街である。

山形県酒田市（人口約一一万人、面積六〇二・七九平方キロ）の酒田商工会議所では、二〇〇四年より「さかた街中キャンパス事業」と称して、空き店舗を活用し学生などの活動の拠点ギャラリーとして整備している。この結果、二〇〇四年度の来館者数は八月から三月までで六七〇六人、また二〇〇五年度の来館者数は上半期までに一万一七三八人を記録し、かなりの賑わいを見せている。ちなみに酒田市は、「地域の遺伝子分類」にあてはめると、小規模、大都市非近接型、非観光型の街である。

千葉県佐倉市（人口約一七万人、面積一〇三・五九平方キロ）の佐倉商工会議所では、二〇〇三年から歴史生活資料館設置事業をスタートさせた。この事業は、古い写真のパネル展示や一般から提供された戦前・戦後の民具や生活用具を館内に常設し、佐倉市の史実や歴代藩主の企画展の開催といった情報発信の拠点を整備するというものである。そういった中で、佐倉七福神会のメンバーを中心に、概ね三〇人のボランティアスタッフが交代で常駐し、必要に応じてボランティアガイドを務めるなど市民参加の面でも相当な実績を上げている。正月の一〇日間の七福神めぐりでは集客が三〇〇〇人程度あり、年間を通して散策のグループが目立つようになってきて、来訪者は着実に増加している。ちなみに佐倉市は、「地域の遺伝子分類」にあてはめると、小規模、大都市近接型、非観光型の街である。

広島県東広島市（人口約一八万人、面積六三五・三二平方キロ）の東広島商工会議所では、二〇〇四年に観光客を対象に中心市街地に集積している酒蔵の八社めぐり事業を実施した。また、酒蔵めぐりに参加した酒蔵は、目印として専用看板を掲げるなどのＰＲ企画も行った。その結果、観光案内所の来訪者が実施前に比べて約二倍へと増加している。ちなみに東広島市は、「地域の遺伝子分類」にあてはめると、小規模、大都市非近接型、観光型の街である。

埼玉県秩父市（人口約六万人、面積約五七七・六九平方キロ）の秩父商工会議所では、「散策サイン設置事業」と称して、街中の回遊性の強化のために一〇〇基のサイン台を設置し、それぞれに開運グッズ売り場を併設することで、顧客が楽しみながら散策できるよう工夫を凝らした。具体的な効果を示す数値は出ていないが、便益的な効果としてまちづくりに対する市民・商業者のモチベーションの増大につながったのではないかと見られている。ちなみに秩父市は、「地域の遺伝子分類」にあてはめると、小規模、大都市近接型、非観光型の街である。

鹿児島県奄美市（人口約五万人、面積七一二・三九平方キロ）の奄美商工会議所では、賑わい創出事業として、中心商店街四通り会が通りを午後五時から午後一〇時まで歩行者天国として開放し、夜店、ワゴンセール、各集落の人々が集まって踊る八月踊り、島唄を歌うなどの事業を実施した。ＴＭＯと各商店街通り会との協働のもと、店舗の深夜営業がなされ、奄美商工会議所の聞き取り調査では、売り上げが増加したとの結論を得ている。ちなみに奄美市は、「地域の遺伝子分類」にあてはめると、小規模、大都市非近接型、観光型の街である。

鹿児島県鹿児島市（人口約六〇万人、五四七・〇六平方キロ）の鹿児島商工会議所では、天文館アメニティ空間作り社会実験事業（オープンカフェ）を行った。アーケード内の道路空間を活用し、オープンカフェやワゴンセール、イベント、街中案内、子育て相談コーナーを設置しての子育て交流、小学生によるスケッチ大会といった課外活動による商店街サポーター育成などの事業を実施した。この結果、街の新たな賑わいが創出され、来訪者の回遊性や滞留性は増加した。ちなみに鹿児島市は、「地域の遺伝子分類」にあてはめると、中規模、大都市非近接型、観光型の街である。

愛知県西尾市（人口約一〇万人、面積七五・七八平方キロ）の西尾商工会議所では、商店街の通りの遊歩道にて、踊り、歌、大道芸などのイベントを行う「城社まつり」を開催した。その結果、二〇〇四年には一万人、二〇〇五年には一万五〇〇〇人がこのイベントに参加した。ちなみに西尾市は、「地域の遺伝子分類」にあてはめると、小規模、大都市近接型、非観光型の街である。この西尾市のケースに限らないが、お城や街など歴史的遺産をモチーフにした祭りなどのイベント事業は、一定の成果があるケースが多い。

5　行政主導型再生——大掛かりな仕掛けをつくる

(1) 福島県福島市のケース——大学誘致による賑わい創出

福島県福島市は人口約二九万人、面積七六七・七四平方キロであり、県庁所在地でありながら県内第三位の人口規模となっている。福島県は中心市街地活性化に熱心な県として知られており、県内を七つの地区に分類し、詳細な都市計画と政策に基づいて施策を行っている。

商業に関しては、二〇〇五年一〇月、福島県は全国に先駆けて六〇〇〇平方メートル以上の大規模小売店舗の誘致を原則的に禁止した。この制度は、その後のまちづくり三法改正の火つけ役になったともいわれている。さらに、福島市も「コンパクトなまちづくり」をモットーに、職住近接型の都市像を模索している。

ＳＷＯＴ分析を用いて診断すると、外的要因としての「機会」が以下で述べる大学誘致による交流人口の増大、「脅威」が大型商業施設の撤退、内的要因としての「強み」が核となる拠点である福島学院大学の存在、福島藩の城下町としての多くの旧跡などの歴史的資源の存在、「弱み」が商店街の空洞化である。また、「地域の遺伝子分類」にあてはめると、中規模、大都市非近接型、非観光型の街である。

◇自治体による強力な財政支援

福島市の活性化基本計画は一九九九年に作成され、その多くが既に実施されている。近年では、以下で紹介する福島学院大学の駅前誘致やＮＨＫ福島放送局の共同建設、福島看護専門学校の誘致などの「公共公益施設整備事業」、また、中心市街地で民間が建設する賃貸住宅を市が借り上げる「借り上げ市営住宅供給政策」、さらに、一〇〇円循環バスやレンタルサイクル事業などの「交通環境の整備」などが施策の柱となっている。いわゆる「政策」が先導する形で活性化を図っている。

一般的に、福島県内の市町村の中心市街地の活性化事業に対しては、福島県も全面的に支援している。中心市街地の商業地区を対象に、「まちなか賑わい再生事業」、「中心市街地再生促進事業」の名称で実施され、二〇〇六年には賑わい事業の予算が二億円、中心市街地再生事業の予算が二〇〇〇万円となっている。

この資金は、福島看護専門学校の誘致の支援資金として利用された。「まちなか賑わい再生事業」の補助対象者は、市町村、ＴＭＯ（まちづくり会社）、学校法人、医療法人、社会福祉法人、ＮＰＯ法人などの公共性の高い団体で、県内に本部または本社機能を有する法人となっている。その事業補助率は、事業主体が市町村の場合は二分の一、公益団体の場合は三分の一以内（一事業二億円を上限、市町村の補助と同額以内）となっている。

この事業の特徴としては、①従来のＴＭＯや商店街振興組合を対象とした活性化施策を一歩進め、支援の対象を公共性の高い団体にまで拡大した点、②さらに、二〇〇六年度から、中心市街地に立地する場合には一定の範囲内で上乗せ助成を行い、中心市街地の再生の促進を図った点、③一般の商業施設を対象に税制上の優遇措置を実施することにより、民間投資の促進を目指している点、などがある。

二〇〇六年に完成した福島学院大学の駅前キャンパスの場合は、福島県による賑わい事業と中心市街地再生促進事業の事業費が二億円、福島市からの補助金が四億円使われている。つまり、合計六億円の資金が大学誘致のために提供されたことになる。

◇中心市街地への福島学院大学の誘致

福島市は、中心市街地における各種機能の集積を図り、街中の賑わいを創出するため、中心市街地の大型空き店舗（旧本町十番館ビル）を取得し、福島学院大学の駅前キャンパスとして一部資金を援助するという形で整備した。ここには福祉学部三、四年生など約三〇〇人が通学しており、二〇〇六年四月に開校している。福島学院大学は街中に立地し、敷地面積は一一六・〇五平方メートル（都市計画法上は商業地域）、建物は地下一階地上六階建て、延床面積七〇九〇・五五平方メートルと、中心市街地の中規模のビルの大きさに相当する。事業費は約一二億円（建物取得費、改修費の他に土地取得費、教具などの備品取得費を含む）で、補助対象経費は七億八四三五万円であった（先述のように建物取得費、改修費に対する福島県と福島市の助成が大きな役割を果たした）。

自治体が期待する事業効果としては、街中の賑わい創出などをはじめ、将来的に平日一日あたり三二〇人前後の学生がこの建物に出入りし、各種消費活動が活発になる点が挙げられよう。またこの他にも、福島学院大学内にあるメンタルヘルスセンターやストレスドック、あるいは各種公開講座、イベントなどで年間九〇〇〇人の利用者を見込んでいる。さらに、校内にはあえて食堂を設けず、学生の授業時間帯を通常の昼食時間帯とずらすことにしている。これにより、学生が街中で昼食を取ることになり、周辺商店街の活性化にも貢献している。

◇福島市の住宅政策

さらに、福島市で行われている住宅政策は注目に値する。二〇〇〇年以降六階建て以上のマンション建築が盛んになり、この六年ほどで二七棟も建設されている。このため、人口も二〇〇〇年のＤＩＤ地区（人口集中地区）の人口は一万四六〇〇世帯だったのが、二〇〇六年には一万五二〇〇世帯へと増加している。これは、高齢者層を中心とした中心市街地の利便性を求める声を反映させるために実施された。

このように福島市は、大学や住宅を中心市街地に誘導して再生を図るという、街の構造にメスを入れることで再生を図った事例であり、再開発型であると同時に既存設備有効活用型の再生策といえる。

(2) 石川県輪島市のケース――空港整備がもたらす効果

石川県輪島市は、人口約三万人、面積四二六・二六平方キロの街である。輪島市は、輪島塗で知られる伝統産業と観光業が主産業となっている。輪島塗の二〇〇七年の生産額は六四億円で、一九九六年の七六億円から年々減少を続けている。また、全国的に知られている輪島の朝市の売り上げもここ数年減少傾向となっている。

そこで、過疎化の進展が著しい能登地域再生の起爆剤として、二〇〇三年七月に能登空港が羽田便一日二往復体制で開港されることとなった。しかし、二〇〇七年に能登半島地震が発生し、輪島市も甚大な被害を受けてしまう。

ＳＷＯＴ分析を用いて診断すると、外的要因としての「機会」が二〇〇九年三月からの高速道路料金値下げによる観光客の増大、「脅威」が能登半島地震による観光客激減、内的要因としての「強み」が一二〇〇年の伝統を誇る朝市の存在、「弱み」が深刻化した高齢化である。また、「地域の遺伝子分類」にあてはめると、小規模、大都市非近接型、観光型の街である。

今後は地元住民の高齢化が進む中で、いかに街の強みである伝統的景観を誇る棚田や全国的に知られている朝市の個性などを活かしてゆくかが課題といえる。

◇空港建設の先を見据えたまちづくり

能登空港は、年間平均搭乗率が七〇％未満の場合は、石川県と輪島市などの地元自治体が航空会社に二億円まで損失を補塡するという全国初の「搭乗率保証制度」を導入した。逆に目標以上の利益が得られた場合は、地元に還元するという仕組みである。

能登空港が開港し、能登地域と首都圏とのアクセスが大幅に短縮したことで、能登地方を訪れる首都圏からの旅行客が増加した。石川県内にある小松空港と併用した形での広域観光の流れもでき、さらに国際チャーター便が能登空港に乗り入れることで、アジア諸国から観光客が直接訪れるようにもなった。この他、二〇〇三年には日本航空大学校（生徒数五二〇人）の誘致や企業立地、ターミナルビルへの行政庁舎の合築、二〇〇三年に制度化された「道の駅」に空港として全国で初めて登録されるなど、能登空港は地域経済はもとより住民意識にもプラスの効果をもたらしている。

二〇〇六年には開港時からの利用客数が五〇万人を突破するなど、「成功例」として取り上げられることが多い。これは、ひとえに「空港」が果たす役割を、「まちづくり」の一環として位置づけることに成功したからであろう。近年批判の多い地方空港設置だが、ソフト的な役割を与えることで地域に潤いをもたらした好例といえる。

◇輪島の朝市への能登半島地震の影響

能登空港の開港は、観光客数にプラスの影響があるという。空港が石川県七尾市にある和倉温泉の集客増加をもたらし、和倉温泉から輪島の朝市へくる宿泊客の多くが輪島市を訪問するという流れができているのである。

全国的な知名度をもつ輪島の朝市は、中心市街地の沿岸部に位置し、物々交換からはじまった一二〇〇年前からの伝統を誇る。年間三四〇日以上の開催と一日平均二五〇店舗の出店がある大規模な朝市で、全長三六〇メートルにもなる。朝七時半ごろから露店が並びはじめ、午前一〇時ごろから全国各地から訪れた観光客による賑わいを見せる。輪島市観光組合によると、その多くは和倉温泉の宿泊客であるという。しかし能登半島地震によって、二〇〇六年に一二三万人だった観光客が、地震後には九一・五万人と激減した。今後は能登空港の利用客増に期待を寄せながら、住民にも親しまれる中心市街地での朝市を目指して、「朝一組合」によるイベント事業など各種施策の実施が期待される。

◇千枚田のふるさと保存制度

輪島市では、全国でも知られている千枚田の保存運動が活発である。具体的な取り組みとして、二〇〇七年度より千枚田のオーナーを全国から募り（現在、約七〇人がオーナーで、東京在住者がそのうちの約三〇人）、年間一枚二万円で権利を所有できる。オーナーは、自分の所有の農地から採れた年間一〇キロのお米を貰い受けることができる。また、この事業の実施主体でもある地元のＮＰＯ法人「千枚田愛好会」のメンバー約一〇人が、二〇〇六年より千枚田の手入れなどを担っている。さらに、千枚田で結婚式を挙げるイベントを実施するなど、耕作放棄地が近年増加する中、オーナー制度により耕作放棄地を守るという施策は興味深い。世界同時不況が日本経済を襲う中、地方圏では農業を機軸とした内需拡大策の重要性が改めて叫ばれている。千枚田のシステムは、景観整備はもとより、やや不便な土地での農業再生の可能性も秘めており、今後の展開に注目したい。

（3）行政主導型再生策は、遠隔地、非観光型の街に向いている

行政主導型再生策が最も適している地域は、地方の中核市などである。公費を多く投入することになるので、県庁所在地などある程度の人口規模の街に適している。無論、こうした街以外でも適用可能だが、福島県福島市や石川県輪島市のように、街全体の枠組みを整備する意味合いをもつ大掛かりなインフラ整備を伴うケースが多い。長期的に考えると、地域外からの観光客を呼び込むシステムづくりを早い段階から行うことが必要となるだろう。

その他の行政主導型再生策の事例について見てみると、再開発型再生策でも紹介した富山県富山市（人口約四二万人、面積一二四一・八五平方キロ）では、二〇〇六年二月までＪＲ西日本が運営していた鉄道路線（地方交通線）を第三セクターの富山ライトレールに移管し、路面電車（ＬＲＴ）化した路線で、同年四月から営業を開始した。開業二年目の二〇〇七年度は一日あ

たり四四八〇人の利用（平日四七二三人、休日三九八八人）となり、開業効果および運賃半額割引（曜日・時間帯限定）を行っていた前年に比べるとわずかながら減少したが、目標の四〇〇〇人は上回っているため堅調な推移といえる。二〇〇八年一一月には、乗車人数五〇〇万人を達成した。ちなみに富山市は、「地域の遺伝子分類」にあてはめると、中規模、大都市非近接型、非観光型の街である。

青森県青森市（人口約三〇万人、面積八二四・五四平方キロ）では、一九九九年に策定された都市計画マスタープランで、全国で初めて「コンパクトシティ」を再生の目標に掲げ、都市機能を中心市街地周辺地区に集約するという政策を実施している。青森市の試算では約一万三〇〇〇人が中心市街地から郊外にシフトした場合、約三五〇億円もの公共投資が必要となるため、コンパクトシティ化によって大幅な予算とエネルギーの削減が可能となった。ちなみに青森市は、「地域の遺伝子分類」にあてはめると、中規模、大都市非近接型、非観光型の街である。

6 再生策の失敗例

シャッター通りの再生に成功した街がある一方で、様々な原因によって再生策が効果をもたらさなかったケースもある。うまくいった状況は、あくまで個々の街を取り巻く複合的な要因によってつくりだされている。自分の街をどう再生させるかについて考える時には、「こういうことをしてはいけない」ということを意識するだけでも、再生計画が成功に近づくだろう。ここでは、筆者のこれまでに実施した調査において、あまり成果が得られないと思われたケースを紹介したい。

◇失敗例① 空き店舗をとりあえず埋めようとした

A市（人口約一六万人）では、空き店舗を埋めるためのチャレンジショップ事業を実施した。これは、空き店舗の中から一店をA市のTMOが借用し、開業や新事業に進出する希望者を募集して複数者を入店させ、独立開業する力をつけてもらうというものである。この事業によって空き店舗は一時的に減少したものの、新規顧客を商店街に呼び込むほどの効果はなく、また経営支援期間終了後、継続して営業することを希望する人がいないという結果であった。町全体の個性的な魅力をつくることなく対処療法的に空き店舗を埋めても、効果がないことがわかる。全国の空き店舗対策に警鐘を鳴らす事例といえよう。

◇失敗例② 顧客側のアクセスしやすさを考慮しなかった

B市（人口約一九万人）では、二〇〇一年より起業家支援事業と称して学生を中心とした起業家を育成するセンターを設置し、起業に向けたセミナーや実践・販売を行った。しかし、やや立地面で不便なビルの四階で実施したため、わざわざ立ち寄って関心を示す人々は少なく、実際の集客もほとんどなかった。C市（人口約三万人）の実施事業でも、同様の状況が見られた。やや不便な場所は家賃が安いため、借りやすい場所ほどこうしたアイディアが事業化される場所として選ばれる傾向にある。だが、本当に事業を成功させたいのであれば、利便性のよい場所で行うべきであろう。

◇失敗例③　利便性だけを追求してしまった

D市（人口約三七万人）では商店街で購入したものを共同で宅配する、いわゆる「宅配事業」を行った。しかし、システムを構築する上で補助金に頼らないと運営できないことがわかり、今後は廃止する意向である。また、E市（人口約八一万人）のある民間企業が「共同宅配買い物代行事業」を行ったが、十分な成果は上がらなかった。前年度、駅前通商店街での補助事業として実施した経緯があり、それを引き継ぐ形でTMOが運営するための計画を立てた。しかし実際には需要がなく、実施主体も明確でなかったため、これといった成果はなかった。買い物の魅力そのものを向上せずに、宅配の利便性のみ強化しようと予算を投じても限界があるようである。

◇失敗例④　ＩＴ技術を用いることが目的になった

Ｆ市（人口約二〇万人）では、顧客の携帯電話に各店のイベント情報や商店街の情報を届ける実験事業を実施した。携帯電話にピンポイントで各店の情報を提供するなどのサービスを実施したが、システムづくりに苦労したものの結果として参加者が集まらず、消費者ニーズにあった情報が伝達されなかったことや運営コストの面から、商店街では継続できずに終了した。ＩＴを用いた活性化策を実施する地域は多いが、それは本質ではない。いくら情報発信がうまくても、その場所そのものの魅力を高めない限り、顧客は集まらないことを示している。また、商店街の顧客の多くを占める高齢者は、もともと携帯電話での情報サービスを必要としていない可能性が高い点も考慮すべきであろう。

◇共通する失敗要因は何か

このように自治体では数多くの施策を実施しているが、実際に効果があるか否かは、その事業へのニーズが十分にあるかどうかによるものと思われる。また、ある街での成功事例が必ずしも他の街で適用可能であるかどうかの保障はない。つまり、本書で繰り返し指摘したように地域性（地域遺伝子）に左右されるのである。

さらに、これらの失敗例に共通するのは、物流やＩＴなどの技術的なものに特化しているという点である。再生の本質はやはり地域の魅力づくりであり、魅力づくりのない場所でチャレンジショップや物流事業を実施しても自ずと限界があるのであろう。失敗例は、そんな貴重な教訓を教えてくれているものと思われる。

7　今後の政策立案に向けて

本章では、シャッター通り再生に向けた各地での試みを紹介した。そのケースは、コンバージョン型、再開発型、現状維持型、行政主導型という四つの手法に分類されたが、それぞれの地域や特性に応じてどのような手法を用いるのかは現場の判断となる。

金銭的な負担が軽いコンバージョン型再生策や現状維持型再生策は、衰退の度合いが激しい街には有効な手法だといえる。病気やけがが徐々に癒されるように、人々を徐々に中心市街地に呼び、そのことによってビジネスが再生されるからだ。実際にこうして徐々に街並みが再生されるさまは、近年アメリカにおいて、衰退した地方の中心市街地を活性化させることに成功した手法として注目されているジェントリフィケーションという再生策として知られている。

ジェントリフィケーションとは、年齢的に若く比較的裕福な層が、衰退した中心市街地で開業し、また移り住むことにより再生してゆくという過程であり、衰退度合いが深刻な地域では大変参考になるモデルといえる。もともとの意味は、（スラム地区の住宅地の）高級化だが、その類似語としてジェントリー（gently）という言葉がある。これは、徐々に、おだやかに、物事が進むさまを意味するが、本書ではこのジェントリーという言葉の感覚を特に重視したい。例えば、若い経営者達が安いコストで老朽化した商店街の建物を建て直し、おしゃれな飲み屋やレストランの経営をスタートさせる。街に徐々に活気が戻るような都市再生の方法論といえよう。

「地域の遺伝子分類」にあてはめると、人口が中小規模で遠隔地の街、もしくは大都市近郊で埋もれかけているシャッター通りに効果があろう。

再開発型再生策の場合、香川県高松市で実施されたような民間主体で行う場合には大きな資金力が必要となる。行政主体でも可能だが、多くの場合失敗する傾向にある（第4章参照）。また、施策の実行は、リアルオプション的な発想で様々な可能性を考慮しながら進める必要がある。最適なタイミングと、事業の拡大・縮小の双方の可能性を常に考慮に入れて実施すればリスクは低くなるであろう。

行政主導型再生策の場合、街の構造に大きくメスを入れるので、よほど行政のトップに覚悟がないとできない。富山県富山市の路面電車は今のところ好調であるが、こうした事例も時の経済状況などに影響される。この路面電車は既存のＪＲ路線の利用を前提にしていたのでコストが抑えられているが、すべてを最初から取り組む場合には相当なリスクが発生する。ただし、こうした整備は将来的に環境にやさしい街の構造をつくりだす上に、一層の観光都市化を促す可能性もあり、そうした意味でのオプション価値は高い。

福島県福島市の大学誘致によるシャッター通り再生策も注目に値する。中心市街地には空きスペースが増えており、その対策として有効なのが大学をはじめとする高等教育機関の誘致なのである。既存の小学校や中学校などの統廃合によって空き校舎となった場所を利用して、キャンパスをつくるなどといった具体策が考えられる。福島学院大学のケースも空きビルの再利用となっている。今後の可能性に注目したい。

こうした行政主導型再生策は、人口規模が三〇万人以上の街で実施されるケースが多いが、同時に景観整備策なども併用するとよい。ライバルが少なければ、長崎県長崎市や鹿児島県鹿児島市などのような観光都市として成長できる可能性もはらんでいるからである。

いずれにしても、その地域にあった最適な再生策とその手法の実施のタイミングを探さねばならない。ここでも、地域性重視の個性創造、ＳＷＯＴ分析などによる十分な状況診断、リアルオプション的な発想を意識化したリスク管理が重要になる。

第6章　シャッター通り再生への挑戦

——どう動けば街に活気をもたらせるのか

本章では、筆者が和歌山県和歌山市で実践してきたケースを通じて、即効性のある再生策を紹介したい。衰退傾向の強い街では、資本の論理ではなく非営利の論理が大事であり、この論理に適応できるのは主に学生と高齢者である。これらの主体が街に関わる機会を徐々に増やす戦略が、シャッター通り再生に有効なのである。

和歌山市の中心市街地であるぶらくり丁商店街は依然厳しい状況が続いているが、二〇〇八年度末のデータではシャッター通りの歩行者交通量が上昇に転じた。では、どのような再生策を実行したのか。このケースのよい面と改善すべき面をあわせて見ていこう。

1　回遊性事業に賭けてのスタート

◇地方であり都市である難しさ

和歌山県和歌山市は、人口約三七万人（二〇〇八年現在）の中核市で、大都市圏である大阪市中心部から南へ一〇〇キロほど離れた場所に位置し、総面積は二〇九・二三平方キロである。大阪府への通勤圏でもあるが、産業は農林水産業が多く、地方性と都会性が混在している街といえる。

実はこの種類の街の再生が最も難しいのである。というのも、和歌山市の中心市街地の本町一丁目の地価下落率はマイナス二四・二%で全国ワースト二位（二〇〇五年）、人口流出率に関しても高卒者の県外転出率は八八%で全国ワースト一位（二〇〇六年）ときわめて困難な状況が存在するからである。

SWOT分析を用いて診断すると、外的要因としての「機会」が二〇〇九年の財政健全化促進法の施行で、財政に少しのゆとりの兆しが見えた点、「脅威」が大阪府との県境周辺での郊外型店舗の増加、内的要因としての「強み」が城下町でかつ一八〇年の伝統を誇る商店街の存在、「弱み」が観光地としての位置づけが明確でない点であるといえる。また、「地域の遺伝子分類」にあてはめると、中規模、大都市近接型、非観光型の街である。

つまり、現時点においては外部からの観光客に必ずしも頼らない形での中心市街地の再生が、望まれる方向性といえよう。こうした地域は、現状維持型再生策を基調としながら、地元住民や近隣都市圏の顧客を巻き込んだ「回遊性」事業を行うことが望ましい。低予算で街の魅力を再発見することができるからである。実際、衰退の激しい和歌山市では、毎年減少する歩行者交通量を増加させることに成功した。具体的に述べると、この二〇年間下がり続けてきた歩行者交通量が、二〇〇八年一二月に中心市街地であるぶらくり丁で前年比四・三六%の増加、また調査の一年前に空きビルに商業店舗を開業させた地点で前年比一九・三四%の増加を達成したのである。それは、拠点整備事業やこの後述べるカフェ事業など、街中の滞留性・回遊性を高める施策が成功したことが背景にある。

◇中心市街地活性化基本計画改訂版によるターゲット設定

最初に、二〇〇九年三月時点での和歌山市の中心市街地活性化基本計画（二〇〇七年に内閣府から計画認定）のもととなった、二〇〇四年につくられた中心市街地活性化基本計画改訂版について少し触れることとする。

和歌山市では、二〇〇四年から一年ほどかけて市民ワークショップを開催し、継続的に街を活性化するための取り組みを実現するため、中心市街地活性化基本計画（大橋健一新市長の誕生により改訂）を策定した。基本計画のコンセプトは「歩いて暮らせる賑わいあふれる城まち」とし、具体的には、「賑わい拠点の創出」、「居住促進」、「回遊性の向上」などを目標として掲げている。

このうちの「賑わい拠点の創出」、「居住促進」などは、空きビル対策をはじめとするハード面での整備が先行するが、「回遊性の向上」についてはソフト事業であり、その成否は仕掛けづくりのよさにかかっている。同じように回遊性事業を重視して成功した長崎県長崎市では、二〇〇六年四月から一〇月末まで、「さるく博」と呼ばれる街歩き観光事業を実施し、約一〇〇七万人の観光客を集めた。

しかし、和歌山市は長崎市に比べると観光都市としてのイメージは弱い。和歌山県全体は観光県としてのイメージはあるものの、人気の多くは南部の白浜町や東部の高野山などに集まっていて、県外からの観光客にとって和歌山市は通過する場所になっているケースが多い。それは数々の観光ガイドブックでの取り上げられ方を見ても明らかだろう。そこで、中心市街地活性化基本計画では、回遊性事業の顧客ターゲットを「地元住民、もしくは和歌山市周辺市町村住民」に絞り、「地域内観光（地元客）」を対象とした再生策にした。いわば、中心市街地を拠点とした内需拡大型の経済活性化策ともいえよう。

2　カフェWithの試み

◇和歌山大学の学生や市民ボランティアが立ち上がる

和歌山市の中心市街地であるぶらくり丁商店街区域に回遊性・滞留性をもたせるために、いくつかの具体案が検討された。ここで登場したのが、和歌山大学の学生や市民ボランティアを中心としたメンバーによるオープンカフェを行うことで、街の回遊性・滞留性を創出させようという案である。オープンカフェとは、歩道や街の広場など屋外に設置された喫茶店である。回遊性・滞留性の創出は、ぶらくり丁商店街に賑わいの回復をもたらすことが期待される要素

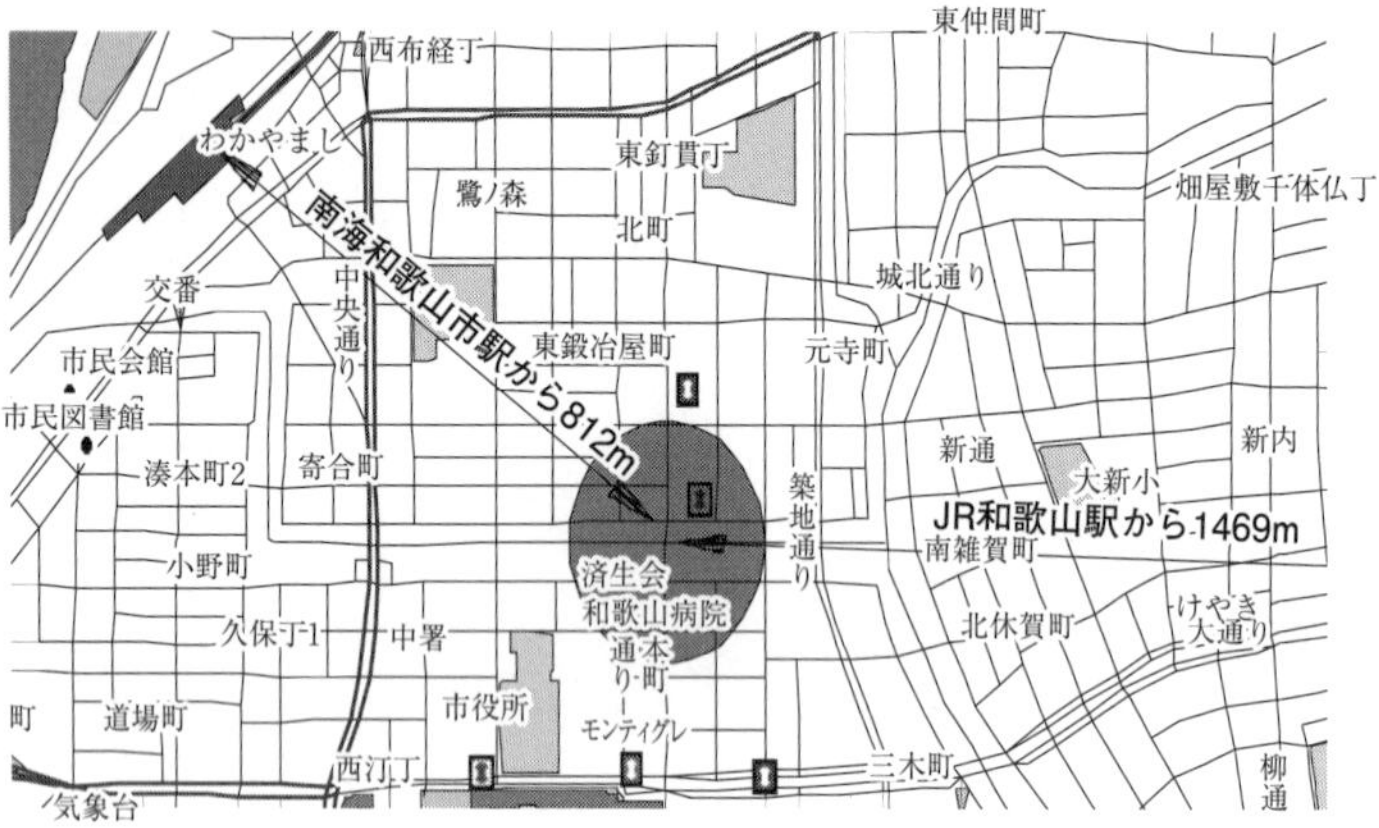

図６－１　和歌山市中心市街地周辺地図

であるが、それ以前に「実現可能性」という面においてもオープンカフェが優れているとの認識があった。それは、継続性という点において、学生や市民といった運営者が、「楽しみながら」意欲的に参加・実行しやすいという理由があったからである。「楽しく」事業を行うことで自然な笑顔が生まれ、訪れた人々の気持ちをも惹きつけると思われる。

その後、学生を中心に検討を重ね、二〇〇五年秋からカフェ事業を実施することとなった。二〇〇五年一〇月の毎週末には、ぶらくり丁の中心部に位置する「雑賀橋」上でオープンカフェを開き、二〇〇六年一〇月には数回、同じく中心部にある「京橋」上でオープンカフェを行い、この年は海浜部でも一度実施した。二〇〇七年には期間を延長して九月から翌年一月までの毎週末、中心市街地の空き店舗を利用して本格的なカフェの経営を行った。二〇〇八年には半年間をかけて、中心市街地の周辺にある郵便局や和歌山城といったより広い範囲にある場所でオープンカフェを実施した。

実施にあたり、資金の確保、場所の選定、そして橋の占有許可の取得などの仕事は、主に社会人組織（まちづくりNPO「ヒューマンカレッジ・アフターの会」）の担当で、店でのイベントの企画、調理や接客については、学生が担当することとなった。毎月三～四回ほど県立図書館や公民館などに集まり、話し合いの中でそれぞれの役割を分担しながらオープンカフェ事業は進められた。実際にこの事業は評判となり、経済効果も予想を大きく上回ることとなった。

◇公共空間価値は一五〇〇万円

まず二〇〇五年一〇月に実施した、和歌山市の中心部にかかる「雑賀橋」上でのオープンカフェの集客効果について見てみよう。

オープンカフェは八日間にわたって実施され、来客数は八二四人、同事業の総収入は四〇・二万円であった。しかし、実施にかかった各種費用を合計すると、総費用は約八一万円と単独では赤字であったため、これを補填するために和歌山市の活性化策への補助金である「市民の底力事業補助金」を活用することとなった。なお、費用の約八割が学生の交通費、光熱費や協力主体への謝金であった。

また、ＣＶＭ（Contingent Valuation Method、仮想市場法）を利用して、オープンカフェの社会的な価値計測も行った。これは、アンケート調査などをもとに、市民がこの事業に対してどの程度の仮想的な価値を見出しているのかを計測するものであるが、その結果、オープンカフェには約一五〇〇万円の公益的な価値があることがわかった。さらにこの価値をいくつかの社会的便益に分類すると、それらは、「街の活気を生み出す価値（三五・〇％）」、「景観を楽しむ価値（三三・五％）」、「コミュニケーションの場所などの価値（三一・五％）」などであることがわかった。

つまり、実際の経済効果には直接現れないものの、「活気を生み出している」様子が市民に価値として認識されていることが判明したのである。

◇街中への回遊性の効果

果たして、オープンカフェ事業によって「回遊性」は向上したのであろうか。これについては図６－２、図６－３を参照していただきたい。

これらの図は、二〇〇五年一〇月のオープンカフェの期間中と二〇〇五年一一月の終了後での歩行者交通量の変化を示している。この図から明らかなように、オープンカフェ実施後には

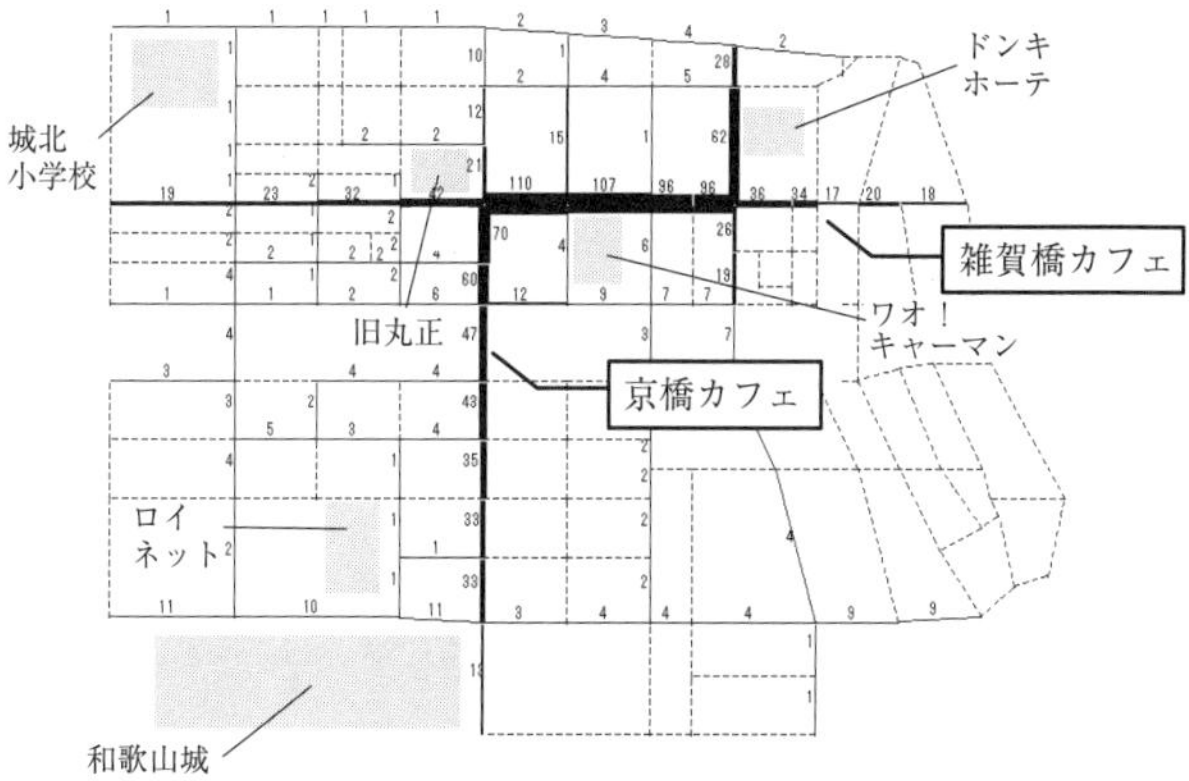

図６－２　歩行者交通量調査に見る回遊性効果
（カフェ事業実施前の2005年10月16日）

注：太線部分が交通量を示している。

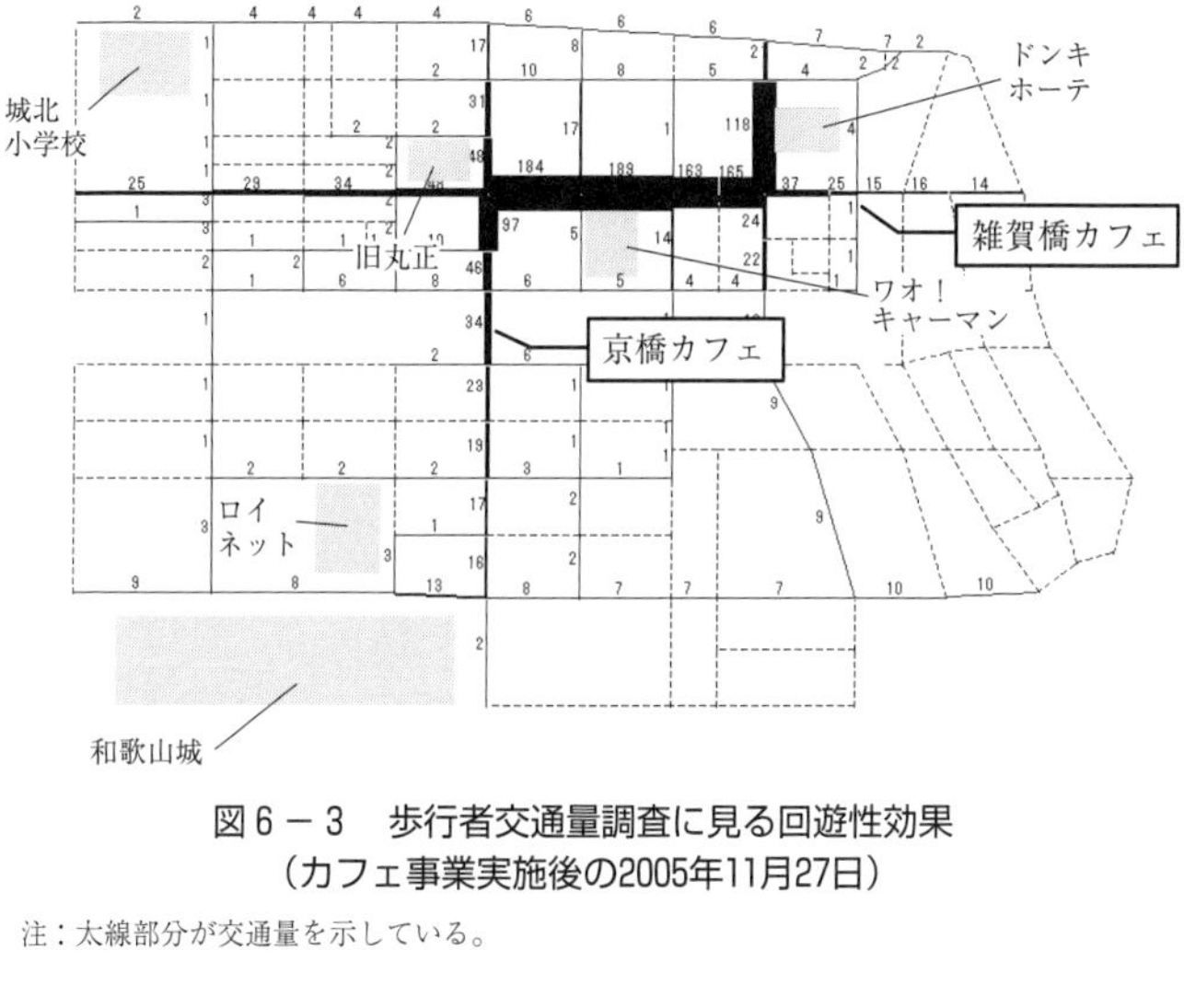

図６－３　歩行者交通量調査に見る回遊性効果
（カフェ事業実施後の2005年11月27日）

注：太線部分が交通量を示している。

街の回遊性の増加が見受けられる。もう少し詳しく見ると、図の下方の和歌山城から図の中心の道路が太く示されたぶらくり丁地区への歩行者交通量が、微増していることがわかる。ここに、オープンカフェによるやや広範な回遊性の増大と経済効果が確認できるのである。

◇顧客アンケートで明らかになった課題

二〇〇六年のオープンカフェ事業は、今度は中心市街地に加えて海浜部の片男波地区でも実施された。「京橋」での三日間と片男波海岸での二日間の合計五日間と期間こそ短かったが、約二〇〇〇人の集客に恵まれ、海浜部のオープンカフェも好評だった。海浜部は主に夏場だけの利用が多いが、実は秋も情緒があり魅力的な公共空間となり得る。暑くも寒くもないほどよい秋の気候をオープンカフェという場で体感できる点は、後のアンケート調査などでも好評だった。

一定の成果を収めた反面で、一般的な市民の印象としては、オープンカフェが単発的なイベントになっており、持続可能な取り組みとはいえないというものであった。そこで、学生やまちづくりNPOが話し合いを重ね、二〇〇七年には長期間の回遊性事業を実施することとなり、次に述べる運営の中心を学生が担い、イベントスペースを市民に貸し出す準常設型レンタルカフェ「19ドリームズ」を開くこととなった。

◇空き店舗を「公共化」する「19ドリームズ」企画

二〇〇七年のカフェ事業の基本構想は、準常設型でのカフェの運営と市民参加の実現、そして採算性の追及であり、具体的には空き店舗を利用した「レンタルカフェ」という手法を用いることとなった。特に、従来の「一過性のイベント」の限界を超えるために、期間を二〇〇七年九月から二〇〇八年一月までの約四か月、一九週間に伸ばした。これが「19ドリームズ（一九回の夢の実現）」の名前の由来ともなっている。「19ドリームズ」企画では毎週、実施主体を変えて毎週異なるコンセプトでレンタルカフェを実施することになった。そこで、レンタルカフェの参加者をマスコミを通じて募ったところ、和歌山地方裁判所の裁判官からミニシンポジウムを行いたいとの連絡をいただき、二〇〇八年一月に実施することとなったのが全国的にもおそらく初となった「裁判官カフェ」である。他には、和歌山市から南へ約一〇〇キロ離れた田辺市在住の車椅子の女性から連絡があり、「車椅子の目線で見る中心市街地商店街」というミニ講演をしていただく機会もできた。その他、高校生のハンドベル演奏会、沖縄をモチーフにしたカフェなど、それを実施したい市民が主体となって、レンタルカフェ事業の企画者

写真１　沖縄をモチーフにした
レンタルカフェ内のイベント

の学生や市民がサポートするという形式を取った。

なお、カフェのメニューには紅茶やコーヒーなどの飲み物はもちろん、地産地消を目的とした「しらす丼」が候補に挙がった。和歌山市はしらすの産地であるにもかかわらず、市外では意外と知られていないのである。そこで、地元の業者と組んで地元の食材を使ったしらす丼を主力商品としてメニュー化した。

◇公共性の高い空き店舗対策としてのレンタルカフェ

ところで、このレンタルカフェ事業の成否は、「場所のよさ」と「賃貸条件のよさ」の二つをクリアした空き店舗が確保できるか否かにかかっている。そこで考案したのが、既存の空き店舗経営の枠組みを超えた応益型家賃制度の導入であった。つまり、レンタルカフェによって一定の利益を確保し、家主に対してはその利益に応じて家賃を支払うというシステム（第3章で述べた一種のオプション契約でもある）である。この制度では、一方で利益がゼロの場合、家主の受け取る額もゼロとなる。つまり、事業終了後の寄付金のようなものなので、「マーケットに連動しているものの公共性の高い家賃システム」といえる。民法上の制約という面でやや課題があるものの、この仕組みこそが、今後全国で広まってほしいシャッター通りを減らすための秘策だと考えている。

その後、地元商店街の老舗靴店・オカヘイの社長である岡田義典氏の協力によって、この応益型家賃制度での家賃支払契約が実現した。基礎資金は和歌山市の市民提案事業に応募して獲得し（約四七万円。なお、二〇〇五年、二〇〇六年も同資金を獲得）、これを原資に「19ドリームズ」企画が実現することとなった。

◇コミュニティ・ビジネスとしてのカフェWith

この「19ドリームズ」企画によって、カフェWithは二〇〇七年九月から二〇〇八年一月までの金曜日、土曜日、日曜日に営業されることとなった。敷金・礼金は無償、前面ドアのないオープン型の空き店舗を借り、和歌山市市民提案事業の四七万円を元手に実施された。スタート当初から顧客の入りは上々で、メディアでも連日のように報道された。以下ではこのカフェWithの収益などの経営面について紹介しよう。

写真2　カフェWithの店内

四か月間の総収益は約一一三万円で、一日の平均売り上げは約二万六〇〇〇円、曜日別では金曜日が約八〇〇〇円、土曜日が約三万二〇〇〇円、日曜日が約三万三〇〇〇円であった。

また総コストは、工事費用やガス電気水道費、材料費などの合計で五二万円となっており、人件費を含まないネットでの利益率は約一万一〇〇〇円であった。仮に、最低限必要な従業員数四人で六時間働いた時に人件費を支払った場合、一人あたりの時給は約四五〇円であることがわかった。なお、学生の交通費なども差し引いた場合、約四〇〇円がかろうじて時給として拠出できる。つまり、和歌山市のような地方都市の中心商店街において、空き店舗を四か月間無償で賃借し、人件費を支払わない場合の収益は約六〇万円、人件費だけを支払った場合、時給約四五〇円ならば収支が成り立つことが明らかになった。

無論、この事業はボランティアで行われているため人件費は支払われていないが、店の持続可能性を考えるのであれば、この五〇〇円弱という時給額のもつ意味は大変興味深いものがある。和歌山県の最低賃金である時給六七四円には達していないが、学生の経験やインターンシップ的な要素という形を考えれば、十分にコミュニティ・ビジネスとして成立するからである。

その他の成果としては、営業期間中の総来客数が二二六七人、一日に平均して金曜日が営業時間三時間で一八人、土曜日が営業時間七時間で七二人、日曜日が営業時間七時間で七四人であった。二〇〇五年一〇月と二〇〇六年一〇月にも同様のイベント型事業を行ったが、集客人数は以前より大幅に増加しており、営業期間の延長がそのまま顧客増加につながっている。

カフェＷｉｔｈの来店者数と以前の商店街の歩行者交通量との関係を見る回帰分析も実施したが、カフェＷｉｔｈの来客数が増えたこと（説明変数）が、歩行者交通量の増加（従属変数）に統計的に有意な影響を与えていることがわかった（決定係数〇・四二）。さらに、この分析によりカフェＷｉｔｈへの一人の顧客増加で、賑わいが二四人増加するとの結果を得た。

また、顧客の地域属性であるが、カフェＷｉｔｈを訪れた顧客の住所は市内が七割、市外が三割で、交通手段は自動車と徒歩が最も多かった。年齢層は二〇代から六〇代まで実に幅広い層が訪れたことが明らかになっている。店内での滞在時間は、一時間以内が約七割を占め、さらに顧客の約九割がカフェＷｉｔｈの継続を望んでいることもわかった。

◇地元企業との共催を具体化

二〇〇八年にもカフェ事業を実施したが、この年は屋内のレンタルカフェではなく再びオープンカフェを行った。学生の負担を考えて合計七回と回数が少なくなった中、「連携」を一つのテーマに据えた。例えば、地元のラジオ局とともに和歌山城でオープンカフェを実施し、多くの顧客と一日の過去最高記録である七万二〇〇〇円という売り上げに恵まれた。また、和歌山市の中心市街地には和歌山中央郵便局があるが、この郵便局前で、郵便局からはトイレなどの使用許可を受けるなどした形で共同のオープンカフェを実施した。「郵便局とのコラボカフェ」の実現である。

郵政事業が四分割された後の郵便事業会社との共同事業は、またたく間にメディアを通じて市民へと伝わり、広く認知度を得た。その他には、二〇〇七年のレンタルカフェと同様に「京橋」上にて開催したが、毎回一〇〇人を超える人出で賑わった。

このように、二〇〇五年から四年連続で実施したカフェ事業「カフェＷｉｔｈ」であるが、これに商店街の拠点となるフォルテワジマの旧商業地空きビルでの新規開業も伴って、二〇〇七年一二月のカフェオープン時と二〇〇八年九月を比較した時、歩行者通行量はこのビルの前で四割ほど増加した。空きビルやカフェへの回遊性が一部実現できたことになる。なお、本書執筆時の二〇〇九年もオープンカフェ事業を実施しており、五年目を迎えたことで事業の継続性の面もクリアしつつある。

◇ぶらくり丁商店街の再生

衰退度合いが激しい地域では、まずは街中の交流・回遊の増大を目指すのがよいのではないだろうか。特に、空き店舗を利用した「１９ドリームズ」企画では、収益連動型の家賃制度の応用、また雇用者を減らせばビジネスとしても成立する点などに鑑みると、全国のどのシャッター通りでも利用できる手法といえる。

結果的には四か月間、光熱費などを含めて店舗の貸主に、八万円から一〇万円ほどを毎月払うことができた。敷金や礼金などは一切払っていない。つまり、空き店舗の初期費用を無料で貸与してくれる貸主の存在はこの制度の前提条件といえる。今回は、岡田社長が経営するオカヘイの協力なしにはできなかった。貸主である岡田社長は、所有する空き店舗がそのまま放置されているよりは、学生達が何か新しい試みをしてくれることに期待してくれたのであろう。

実際に、カフェを運営する側の収入の多くは光熱費や仕入れ、交通費などにあてられたが、貸主が毎月支払っていた「ぶらくり丁共益費」の支払いを事業収益で賄うことができた。なお、この共益費は、空き店舗の状態でも支払いが要求される一種の固定資産税のようなもので、間口の大きさによって決定されている。だから、店舗を利用しないと損をするという仕組みになっている。一方、カフェを運営する側も収益が低い場合は家賃を支払わないですむ。つまり、このシステムの下では貸主・借主の双方にとってリスクが限りなくゼロに近い経営が可能となる。店舗が衰退し、集客などのリスクが高い地域には、最も推奨したい施策といえる。

3　「センチメンタル・和歌山」キャンペーンの効果

和歌山商工会議所は、二〇〇六年以降三年連続で「センチメンタル・和歌山」キャンペーン

図6－4　和歌山商工会議所による「センチメンタル・和歌山」キャンペーン

出所：和歌山商工会議所ウェブサイト。

を実施している(この企画は和歌山商工会議所の「わかやま魅力発信委員会」が策定したものだが、中小企業庁の「地域資源∞全国展開プロジェクト」の助成を受けている)。これは、三つのSのうちの第一のSである地域性重視の個性創造ということを体現している。

方向性としては、日常の中にある街の魅力を市民自らが再発見して、さらに魅力的なものに演出してもらおうというものである。発見されたスポットを、市民や観光客にぶらぶら歩いてもらうことも目的としている。二〇〇六年秋には、街中の魅力あふれるスポットを市民が探して写真を撮って公募する「センチメンタルな写真展覧会」、またこの展覧会にあわせた形でイメージキャラクター「てまりちゃん」の選定、さらにそうしたスポットを市民に観光してもらうためのセンチメンタル・バスツアーを実施した。人口規模や大都市からの近接性などの立地に関係なく適用できる活性化策といえる。

ところで、ここでいう「センチメンタル」とは、本書で強調した「愛着」の意味に加えて、一般的に使われている「感傷的」という意味合いも含んでいる。つまり、一般市民が感傷的になるような「センチメンタルスポット」を自ら探してもらうのである。市民からは一〇〇点近い応募をいただき、審査を経て二〇点ほどを選出、商工会議所が作成したパンフレットやホームページなどに掲載した。また、「センチメンタルな写真展覧会」では、選出された写真の数々で大阪市の繁華街・ミナミの最寄駅である難波駅付近の商業空間を利用した展示会を行っ

江戸時代初期、天守閣北の二の丸御殿に徳川頼宣が築いた名園。
釣殿風の「鳶魚閣」がある池や御腰掛、茅門の建物が美しい出島や豪快な石組みと見事に調和している。庭園内の「紅松庵」でお茶を楽しめるほか、西の丸と二の丸に斜めに架かる廊下橋として全国的にも珍しい「御橋廊下」が復元され、一般公開されている。

これまで和歌山城と言えば、春はお花見、夏は砂の丸広場でスポーツテスト、冬はと言うと体育の授業で城内を2周マラソンした思い出がありました。しかし、2年前に初めて秋の和歌山城を体験しました。市内のど真ん中なのにひっそりとしていて、赤や黄色に色付いた葉がとても鮮やかで、日本人のセンチメンタルな部分を動かすステキな空間でした。肌寒い中、友人と歩きながら話したことも良い思い出として心に焼きついています。

大阪府泉南郡　23歳

図6－5　センチメンタルな写真展覧会に応募した作品

出所：地域資源∞全国展開プロジェクト（http://www.chiikishigen.com/project 18/058.html）。

た。この展示会にも多くの通勤客などが訪れ、大阪周辺に住む人々への宣伝に成功した。さらに、この「センチメンタルスポット」に出掛けるバスツアーは、二〇〇七年一一月に実施したところ好評で、募集三〇人に対して和歌山県内外から約一〇〇人の応募があった。どれもが全国紙などの大手マスメディアなどで注目され、全国的に知られることとなった。

こうした企画は、本書で主張した第一のSである地域性を重視した形での個性創造によって生まれる、センチメンタル価値をもったまちづくりが事業化された好例といえる。「センチメンタル・和歌山」キャンペーンには、合計一〇〇万円以上の経費がかかっているが、マスコミに報道されたことによる広告宣伝効果を考慮すると、費用対効果は良好なものと思われる。この手法もカフェ事業と同様、大きなインフラ整備を行う訳ではないので、低予算で実行が可能なソフト事業である。しかも、地元客からはじまって、徐々に外部の観光客にも関心をもたらし、観光客の呼び込みも期待できる。つまり、その後の観光地としての発展の可能性が大きく、オプションとしての価値は高いのである。不況に苦しむ自治体にとって、長期的な費用対効果がよく、どの街でも実行できる魅力的なソフト事業であるといえる。

この手法が重要なのは、非観光的な街にも効果的だという点である。観光地として名高い地域の多くは、既に半世紀ほど前から政策的に地域性の重視に取り組んできた街が多く、本書ではそうした期間を「懐妊期間」と呼んできた。この期間は、街の魅力を育てる時間であるが、その前に魅力の「芽」となる地域・地区・空間を発見しなければならないのである。それを可能にするのがここまでで紹介した市民目線での隠れた観光地探しといえる。

こうした隠れ観光地は、一般的に他の街から人を呼べるほどのものにはなっていないが、その地域では愛されている土地であり、センチメンタル価値が存在する。センチメンタル価値を懐妊期間を経て観光地化することで、日本の多くの地域が観光地として再生できるのではないだろうか。第5章では石川県金沢市などの事例を見たが、いずれも長い懐妊期間を経ることで、観光地としての魅力づくりに成功している。和歌山市の場合も、多くの伝統的な景観は第二次世界大戦で消失してしまったが、その手がかりがいくつもあり、そうした場所へのセンチメンタル価値は市民の間に確かに根づいているのである。

それを少し時間をかけて演出することで、観光都市としての魅力がある街という形での再生が可能となる。無論、中心市街地の商店街などの再生においても同じ論理が適用可能である。イギリスの中心市街地にシャッター通りがほとんどないのは、そうした観光地としての景観的・文化的な魅力が付加されているからであろう。観光的な魅力が薄れた街は徐々に回復作業を行い、既に魅力的な街はさらにその魅力を大きくすればよいのである。例えば、今は観光には向いていない人口規模が小さな街では、地元の人達をいつもの顧客として考えると同時に、「観光客」としてもとらえて、少し「おしゃれ（街並みをきれいにする）」をすればよい。

商店街は散歩道であってもよい、もしくは憩いの場であってもよい。人の集まる場になればいいのだ。こうした自然で無理をしない観光地化が、いずれは遠くからきた人にも思い出になるような商店街になるであろう。こうして、その街それぞれの個性を磨けばよいのである。これは人口規模の大きな街にもあてはまる。いずれにしても今ある価値の再発見こそが大事なのである。

4　明日から、はじめませんか

本章で述べた取り組みの共通点は、「いつでも」、「どこでも」できる活性化策であり、実際に市民や学生と一緒にできるものである。そこには、再開発などハード面の整備の可能性を残しつつも、経済状況などに応じて戦略をいつでも変えられる「オプション」（選択肢）が存在する。一方でその手法は、徐々に進めるという意味で「ジェントリフィケーション」的手法であり、個性が残されていく。そして地域住民を巻き込むことによって、より一層地域について考えるきっかけとなる。リスクを取る余裕のない自治体でも、明日からできる手法なのだ。

しかし、再生策を成功させるためには、SWOT分析や「地域の遺伝子分類」などによって、第二のSである状況診断を確実に行い、自分の街にあてはめるにはどのようにすればいいのかということを、ターゲットとする顧客を明確化した上で、打ち出さなくてはならない。それによって、第5章の失敗例のような事態を避けることができるだろう。

本章の和歌山市のケースでは、コンバージョン型再生策もしくは現状維持型再生策を前提に議論を重ねて事業を行った。今ある空き店舗を利用して収益を上げ、収益の程度に応じて家賃を払うようにすればよいが、その際には店舗の形状などを少し変えれば（コンバージョンを施せば）よい。その費用については、例えば一〇年間のレンタルという形にしておけば、個人の財産に帰属するものではない。もし店主が買い取りたければ、減価償却なども考慮した値段で買い取ればよいのである。

また、商店街の空きスペースに工夫を施すことも薦めたい。具体的には再開発の目処がない空き地はさしあたり、花を植えたり緑化したりするなど、景観上の工夫を凝らすということである。日本には、何もない空間が美を生むというように考える文化もある。シャッターが連なる状態ではなく、緑地や庭園にする発想で空き地をきれいに整備することで、しゃれた空間に変化する。イギリスの中心市街地の商店街では、その多くに空き地や公園があり、そうした空間が街としての余裕と価値を付加していた。学生アートの発表の場という形で、空き地や空き店舗を利用してもいいかもしれない。

都市経営の側面からいえば、こうした空き店舗や空き地は、将来的には利用されるという意味で「オプション価値」を有しており、第三のSであるリスク管理（セキュリティ）の側面、そして今後の街の発展のためにも、それらの存在と取り扱いはやはり重要なのである。

第7章　シャッター通りを抜けた先へ
——六つの要素をどう組み立てて街を蘇らせるか

本書ではシャッター通りの再生を目標に、様々な理論と実例について論じてきた。本書で何度か強調してきたように、シャッター通り再生計画とは、シャッターを単に埋めるということではなく、街を元気にすることである。

特に第5章では、成功したと思われるケースを全国から抽出し、四つの再生策ごとに類型化して紹介を行った。大分県豊後高田市や宮城県旧鳴子町などの小規模な自治体の場合は、小回りが利く施策が可能であるし、香川県高松市などの大規模な自治体は、予算を立てた思い切った事業が可能である。また、大都市圏との物理的な距離に応じて、目指すべき方向性も異なってくるであろう。コンバージョンするのか、再開発をするのか、現状維持のまま再生を図るのか、行政による主導のもとで行うのか、その判断のヒントは現場に存在しているのである。

成功例に共通していた点は、滋賀県長浜市の黒壁や香川県高松市のまちづくり会社のように、再生策の主体となる組織がはっきりとしていて、その組織が街の個性を最大限に尊重しながら新しい活性化策を実施していたということである。その点で、「挑戦する街」という言葉が一つのキーワードかもしれない。また、意識的か否かは別として、常に様々なリスク管理（オプションの用意）と長期的展望を用意しながらまちづくりを進めていた点も共通している。まちづくり会社が機能した香川県高松市や商店街と観光地をネットワーク化させた宮城県旧鳴子町は、まちづくりの段階で様々な可能性（オプション）を探りながら徐々に計画を実行している。

やはり、こうした再生計画を具現化させるためには、「地域性重視の個性創造（第一のS）」、「状況診断（第二のS）」、「リスク管理（第三のS）」が、再生計画の立案にあたって不可欠であるといえよう。

1　シャッター通りの今後

中心市街地活性化不要論に代表されるように、日本では中心市街地活性化に十分な市民レベルでの合意が得られない状態が続いたために、問題が深刻化してしまった。その結果、ビジョンなきまちづくりが各地で進められ、街の個性を失うような開発が続けられてきた。最近では、文化政策からの撤退、つまり文化関連予算を削減することが、効率的な行政運営であると勘違いする論客まで現れている。

本書で繰り返し指摘したように、地域性の喪失は長期的に生み出されるはずの大きな価値を放棄したに等しい。住宅が不足すればとりあえずマンションの建設を、商店が老朽化すれば郊外に新しいショッピングセンターの誘致を、といったように、その時々で最適性や合理性をもつかのように見えて、実は長期的な観点から見れば価値の高くない街をつくりあげてしまうのである。

本書の前半では、郊外型店舗の進出が中心市街地の商店街などの経営に深刻なダメージを与える点を確認した。現在、市民が便利で新しい郊外型の商業施設の誘致を望んでいるというのも確かな事実である。そこで政策の役割が求められるが、商店の競争に関してはある程度マーケットに任せつつも、長期的な視点からの調整は必要であろう。つまり、街全体の長期的な経済価値と、観光客を満足させられるような伝統・文化などの個性から得られる便益の合計を、最大限考慮した政策が必要なのである。それは、その街に存在する文化や伝統といった文化的価値の継承や、市民に親しまれてきた景観の保全を意味する。

毎日の暮らしを制約条件としながらも、長期的な視点で発展するまちづくりが望まれる。この点では、中心市街地がもつ役割は大きいのである。

中心市街地はもともとその街の歴史を引き継いできた場所である。それが、時代の中で受け継がれた場合に、その個性が長期的に保全される保証は必ずしもなかった。地方都市に観光旅行した場合に多くの人が感じることだが、多くの街は戦後の画一的な都市政策のもと、街の個性が軽視されミニ東京と化した。公共交通手段が便利になった今では、地方都市から東京へは二、三時間で移動が可能なため、その分ミニ東京化した地方都市への魅力は褪せるのである。

本来目指すべき道は、ミニ東京に象徴されるような画一的に規格化されたまちづくりではなく、「個性」や「地域性」に力点をおく施策であろう。この点において、都市計画やまちづくり論などで多くの業績がある佐藤（二〇〇六年）が、従来的な「単一的な都市像」を越えた新しい都市像と街の個性との関係について、次のように述べている。

（新たな都市像の）基盤となるのが、地域文化・風土の保全とその価値の再創造である。単純な商業の活性化や企業誘致など、経済活性化政策のみではなく、地域の誇りや固有の資源を再活性化させることである。この条件が整ってはじめて、地方の中核的な都市は、経済活動の中心として人材や経済を循環させる仕組みが整い地域経済が活力を持ち、そして何よりも価値ある人と物と情報が集まり交流する場となる。

（佐藤滋「地域文化の共奏としてのまちなか再生」『季刊まちづくり』Vol．13、二〇〇六年、七二頁）

従来の経済学が、こうした目には見えないが確かに存在する街の文化や伝統の価値をあまりに軽視した結果、街並みの個性が薄れてしまったのであろう。佐藤はこの点を見事に指摘している。

2　シャッター通り再生のための六つの要素

センチメンタル価値を重視するとともに、街の現状を綿密に分析し、オプション的発想によるリスク管理を行う。では、これらを前提として、具体的にシャッター通り再生のための施策を組み立てるためには、どのような要素に特に気をつける必要があるのだろうか。

それは、以下の六つの要素に集約される。①「ひと（組織）」、②「再生策」、③「カネ」、④「土地」、⑤「情報発信」、⑥「街の空間デザイン」である。これらを地域の実情に応じた形で組み合わせていくことで、再生を軌道に乗せるきっかけを生み出せるのである。

（1）「ひと（組織）」――意思決定は少人数で、関わる人は多く

中心市街地活性化という価値論と利害の絡む政策には、明確なまちづくりビジョンと強いリーダーシップが不可欠である。

まず、中心市街地活性化策の全体を引っ張るのは首長の役目である。富山県富山市や青森県青森市をはじめ、二〇〇九年三月時点で内閣府に認定された七七計画の実施主体である七五の街のほとんどにおいて、市長や町長のリーダーシップが見受けられる。

次に、大分県豊後高田市や滋賀県長浜市などのように、民間の組織が中心となって事実上の企画・立案を実行しているケースでは、当初から市民を巻き込んでいるので、その後の利害対立は起こりにくい。また、こうした中心組織では、なるべく最終意思決定を行う組織の幹部は少数のほうがいい。既に失敗しているＴＭＯ制度などは、一部を除いて出資者が多く、「船頭多くて船進まず」といった感がある。自治体が出資、商工会議所が出資、商店街組合が出資、その他各種団体が関わってくるという組織では、必ずといっていいほど意思決定がぶれたり、そもそもまとまらなかったりするということになる。

民間組織でも第三セクターでもよい。ある程度の大胆な意思決定が可能な組織こそが、シャッター通り再生という難題に立ち向かえるのである。そして、ある程度の資金力があれば、まさにどんな事業でも実行できるのだ。

この点では、香川県高松市の高松丸亀町商店街振興組合が参考になる。長年の駐車場経営から得た収益をもとに、五人ほどの幹部がまとまって地権者を説得し、地域の個性を活かした再開発事業を行った。滋賀県長浜市も、八人の有志がそれぞれ一〇〇〇万円ほどを出し合いながらまちづくりの実行組織である黒壁を設立し、それが元手となって再生策を実行できたのだ。

さらに、仮に失敗しても逆に挑戦が評価されるような土壌・人事が必要である。少人数の意思決定と、ある程度の資金力、そして職場環境がキーワードといえる。また、一定の期間、勉強会などを組織して徐々に再生策を軌道に乗せるというような、ゆったりとした発想も必要である。石川県金沢市における数々の条例の整備は、実はこうしたゆったりとした発想、つまり、長期的視座に立脚したまちづくり計画がその成功の源泉となっている。さしあたりのまちづくりのスタートとしては、ゆったりとした発想で勉強会を重ねて、ビジョンを明確に作成することからはじめるべきであろう。

そして、行政の人事についても触れておきたい。優秀な行政関係者が活躍する一方で、多くの人々はリスク最小化の原則に依拠して行動する場合が多い。なぜなら、新しいことを企画・実行しても、失敗したら彼ら自身が責任を取らされるが、成功しても何の報酬にもならないからである。このように個人にリスクがのしかかってくる以上、行政関係者の世界では常に昔ながらのリスク最小化の原則が横行することになる。これは個人の責任ではなくシステムの問題だが、事実として日本のまちづくりを機能不全に陥れた原因の一つである。では、どうしたらいいのだろうか。

イギリスでは、定期的に地方都市の財政評価を実施し、財政削減に貢献した自治体はその見返りとして翌年の予算の増加が考慮されるという「インセンティブ」を導入している。この考え方は、人事システムにも応用が可能だ。つまり、人事に関する評価システムを構築し、何らかのリスクをとって行動した現場の行政責任者には、積極的な評価や表彰などのインセンティブを与えればよい。そして、仮に失敗した時の事業リスクを、上司や部下など個人の責任に転嫁せずに、首長などのトップ層に帰するようなシステムをつくるべきである。リスクを取らない首長は選挙の洗礼を受けるが、リスクを取って成功すれば政治家としての信頼は大きく高まるだろう。つまり、特に首長などには、「リスクを取るメリット」が働くのである。出る杭を打つのではなく、引っこ抜く姿勢こそが必要である。市民と一緒に「汗をかく行政マン」を刺激し、さらなる活躍を生むのである。

(2)「再生策」――保全型のセンチメンタル式で

再生策には第5章でも紹介したように様々な方法が存在し、どの手法がどの地域にあうかについての明確な答えはない。ただし本書で述べてきたように、それぞれの歴史的背景や立地などにふさわしいものが再生策に選ばれた場合には、効果は絶大なものになるのである。

例えば、和歌山県和歌山市の中心市街地であるぶらくり丁は、必ずしもすぐに観光客を呼べないという状況の典型例だが、「回遊性」を重視し、カフェ事業などを行うことで、徐々に街に関心をもつ人口を増やすことができた。また、宮城県旧鳴子町のように、温泉街と商店街を連携させる試みもおもしろい。ネットワークの増大も、「再生策」の一つなのである。

しかし長期的には、どの街も観光都市を目指すべきだと考える。街に関わる人が街を育てると考えた場合、街の住民が街の便利さを育て、観光客などの街の外の人々が街全体の個性を育ててくれるからである。そうした意味では、再開発型再生策をたくさん行うのではなく、保全型の再生策、つまり、農商工の連携や物産展の展開、地域内観光の推進など、どの地域でもできる再生策を行うべきであり、ひいてはそれらが街を魅力的にするのである。

また実際に、市民が愛着を感じる場所に対するセンチメンタル価値を計算し、その価値をもとに補助金や基金を募り、保全型のまちづくりを行うこともできるだろう。そして、しばらくの懐妊期間を経て、個人としての魅力を「第三者」の魅力へと昇華させることに成功すれば、イギリスのような観光中心市街地がいずれは日本でも数多く誕生することになるであろう。

（3）「カネ」――資金集め、企画の立案は市民で

まちづくりを行う上で気がかりなのは、「カネ」である。現在、中心市街地再生に対する補助金は年間約一兆円に上っている。しかし、その多くが赤字補填タイプのものであったり、用途が狭く指定されていたり、さらには補助率が五〇％であったり、八〇％であったりとばらつきがある。つまり、全額補助ではないためにボランティアによる組織では使いにくくなっているのである。近年では、国土交通省のまちづくり交付金なども導入され、用途などの面での改善は見られたものの、「市民」が使いやすいものになっているかどうかについては課題が多い。

二〇〇九年に発足した民主党連立政権の方向性次第では、まちづくり交付金の減額が生じる可能性もある。

一度衰退した中心市街地の場合、民間資本での活性化はリスクが高いために敬遠される傾向にある。よって、さらに衰退に拍車がかかるという構図になっている。非営利を基礎としたまちづくり組織による補助金の活用が期待されるのはこの点にある。そういった意味で注目しているのは、和歌山県和歌山市が二〇〇四年度から導入した「市民の底力」事業と、民間資金を基調とした基金・証券化である。

◇望ましい補助金の形態

和歌山市は二〇〇五年、「わかやまの底力・市民提案実施事業（すぐできるところからする事業）」として、和歌山市のまちづくりに関する事業に対する財政的な支援を行うための補助金（総額五〇〇万円、一団体上限五〇万円程度）を拠出した。市内のＮＰＯなど二四組がこの助成を申請し、一三組への助成が内定した。第6章のカフェ事業の運営を担った「ヒューマンカレッジ・アフターの会」も、二〇〇四年度の中心市街地活性化基本計画改訂版に盛り込まれた「回遊性・滞留性創出」のための「オープンカフェ」部門に応募し、四六万六〇〇〇円の補助を受けることになった（事業終了後の査定の結果、最終受取額は四一万一〇〇〇円）。その他、高齢者向けの生活情報誌を提案するグループや青少年に対する環境教育と啓蒙などに取り組む団体など、安全・安心関連、教育関連、高齢者福祉関連など、様々な分野にこの資金は利用されている。

こういった補助金の受け皿ともいうべき団体が増加し、活気あるまちづくりを支援していくことは、今後のまちづくり・都市再生を考える上でも大切である。オープンカフェにいたっては、和歌山市の二〇〇五年度の中心市街地活性化基本計画改訂版で実施を公約したものであったが、その実施主体が市民であった点も重要である。

行政が提供する補助事業の中で著名なものに、千葉県市川市が実施している一%条例（市民活動団体支援制度（一%支援制度））がある。これは、納税者が選んだNPOなど市民活動団体に、その納税者の個人市民税額の一%相当額を支援することを定めた条例である。二〇〇五年から実施されているが、市の呼びかけに対して約六〇〇〇人の市民が八一のNPO団体などに合計一三四一万円相当を支援すると表明した。この市川市の動向は今後も注目すべきだろう。

規模は小さくても、こういうまちおこしの関係費用に対して行政が補助を行うことは、今後とも個性的なまちづくりを行うためには必要である。こういった資金も本書がその重要性を強調する個性的なまちづくりの要素といえよう。その他、民間の財団によるまちづくりに対する基金なども数多くあり、活用が期待される。

◇基金・証券化

また、まちづくりに必要な資金を基金化・証券化することも重要だ。二〇〇八年からは「ふるさと納税」制度がスタートした。日本ではあまりなじみのなかった「寄付」制度を促進する意味で期待のもてる制度である。しかし、この制度を利用する際には、事実上五〇〇〇円ほどの個人負担が発生するなど、手続面などで様々な混乱や問題も生じている。

ところで、この「ふるさと納税」制度に類似した寄付制度を既に導入しているのが、長野県泰阜村《やすおかむら》である。泰阜村では、二〇〇四年から条例をスタートさせ、使い道を明示した形での寄付金を募った結果、二〇〇八年九月までに二四五〇万円ほどを集めることに成功した。地元出身者に対する十分なPRやふるさと納税に対する制度の簡素化、そして特定の町に対する集中の回避など、制度的なセーフティネットを充実させれば、個性的なまちづくりに貢献するものと思われる。

ヒアリング調査によれば、証券化という方法は一〇億円以上の物件で最も効果的である。また、証券化は、ある程度の規模の経済原則が働くシステムでもある。具体的には、適度にいくつかの不動産物件を組み合わせて、一部「ふるさと納税」制度で集めた基金を組み合わせるなどして証券化を図ってもよい。ただし、不動産投資信託市場などを見ても明らかなように、常に収益性は求められているので、いわゆる優良物件とは限らない分野に対する証券化のリスクは、まだ投資家の中では高く見積もられている。景観保全や文化財の保全に証券化が利用される場合には、政府による何らかの保証制度が必要だと思われる。市民レベルでの景観保全運動に関する証券化に国も積極的に支援する必要があろう。

保証制度に関しては、既に市街化区域内農地において、都市部の中にある農地の「緑地」としての環境的機能を重視して保全している「生産緑地制度」が参考になる。都市部の農家が三〇年の営農を約束した場合に適用される固定資産税の減免制度であるが、一方で最終的には適正な価格で自治体に対し農地の買い取りを請求できるというものである。

この制度の趣旨を援用して、景観保全などの公的な分野においても、仮に証券化が困難に陥った場合に国の一定レベルの保障さえあれば、公的分野でのミニ証券化は促進されるであろう。今後の制度整備が急がれる分野でもある。

(4)「土地」問題――賃貸借が自由な仕組みの構築へ

今後、シャッター通り再生のための土地政策として、中心市街地から投資を重点的に行うように誘導する、イギリスのＰＰＧ（Planning Policy Guidance）制度（二〇〇五年よりＰＰＳ（Planning Policy Statement）に名称変更）の日本版の導入を挙げたい。このＰＰＳ制度とは、小売店舗などの立地開発については、まず中心市街地から優先的検討されるべきだという旨を定めたものである。新まちづくり三法では郊外型店舗の立地規制が行われているが、明確な開発の優先順位は定められていない。今後の開発に際しては、中心市街地の空き店舗を放置した状態では郊外開発ができないようにするなどの施策への踏み込みがあってよい。「中心市街地の開発」があって、その次に「郊外の開発」という順序づけである。

土地利用の効率性について分析したところ、一つの例として大阪府岸和田市の中心市街地商店街では、本来獲得できるはずの半分の商業収益しか得られていないことが明らかになった。街の個性を残しつつ、中心商店街のある駅前で便利な土地利用の効率を高めるような誘導策が必要である。そのためには、商業用地や物件の借地・借家制度を充実させる必要がある。イギリスでは、中心市街地の店舗の八割程度が借家であった。借家ゆえに、収益性の低い店舗は撤退することになるが、そのことにより時代のニーズにあった店舗が供給され、街は活気づく。大事なのは、店舗経営に変化があっても、店舗の外観までは変化しない点である。つまり、事業の新陳代謝と外観（景観）の保全こそが必要とされる。

これに関しては、第6章で紹介した和歌山県和歌山市の中心市街地の空き店舗経営を行ったレンタルカフェ事業の成果が一つの答えである。このような収益連動型の賃貸システムの活用は、土地利用が固定化した地域では特に有効である。香川県高松市の丸亀町商店街でも同様のシステムが実施されているが、全国的にこの試みを普及させる必要があるだろう。商業用に限って短期的な収益連動型の賃借システムを推進するなどのシステムづくりも必要である。中心市街地への誘導策とソフト面での土地利用の新陳代謝の促進こそが喫緊の課題といえよう。

(5)「情報発信」——地元のメディアと協力しよう

情報発信では、公共交通機関や旅行代理店と企画を組むのも有効である。宮城県旧鳴子町でのまちづくりに見られるように、商店街を下駄で歩くと商品の割引を受けることができる「ちょっと歩けば下駄も鳴子」企画では、そのPRにJR東日本が一役買っている。まちづくりと公共交通機関がタイアップすることで両者にメリットが生まれるのである。また、地元のメディアは地元のネタを必要としているので、そうしたマスコミとタイアップしてキャンペーンをするとよい。

和歌山県和歌山市で実施した二〇〇七年のレンタルカフェでは、地元民放テレビ局のテレビ和歌山、ラジオ局の和歌山放送、そしてNHK和歌山放送局の協力を得た。NHK和歌山放送局との連携では、レンタルカフェの二階に和歌山の昔ながらの風景をビデオで見られる設備を設置し、テレビ和歌山は正月の特別番組の中継をレンタルカフェから行った。和歌山放送とは二〇〇八年一一月に協働イベントを開催するなど広がりを見せた。新聞に関しても、全国紙に掲載されるとともに、和歌山県の地元紙である紀伊民報にも掲載された。こうした記事や番組で知ってカフェを訪れた顧客は多かった。

つまり、マスコミとのタイアップによって、事業自体が広く人に知られることになり、集客にもつながる。しかも、広告掲載ではないので宣伝広報費用はかからない。その他、全国紙に掲載されたこともあり、カフェ事業の運営メンバーである学生のやる気にも好影響をもたらした。初期のメンバーにはこの経験を活かして、テレビ局のアナウンサーに内定した学生もいた。

市民にやる気をもたらすこうした地元メディアとのタイアップは、今後のシャッター通り再生モデルには不可欠である。

(6)「街の空間デザイン」――無理に店舗を埋めず、使わない空間はアートで

空き店舗は、家賃の補助事業などで無理に埋める必要はない。これは、シャッター通りをなくすことと一見逆のように思われるが、そうではない。空き店舗を「お店」ではなくアートの空間として、また、空き地を放置したままではなく緑の空間として、再生させるというものである。今までは、シャッターが開いた店舗が営業している空間が常識であった。だから、シャッター通りを嫌うならば、補助金を出してでも店舗を呼び込む必要があった。しかし、シャッターを開けた状態でも、実質的に営業していない場合もあり得るのだ。

店の所有者の許可を得て空き店舗のシャッターを開けると、中に例えば素敵なバラのオブ

ジェがある。それをライトアップして、さらに少し工夫してみたらどうだろう。デザインは地元の学生にお願いし、そのための費用を少し行政で捻出する。そうすることで、一つのアート空間が成立する訳である。ちなみに、営業している訳ではないので家賃は必要にならず、運営費用は抑えられる。

イギリスの中心市街地には、必ずといっていいほど、店の中には入らなくても外から歩行者の目を楽しませるようなウインドウがたくさんあった。夜になってもシャッターは下ろさずに、素敵なライトアップが施されている。無論、防犯対策と費用の問題はあるが、「空き空間」の利用の方法としては望ましい。

空き地も同様である。近年は特に、空き地を駐車場化して副収入を目論もうとするケースが多いが、イギリスではわずかな空間にベンチがおいてあるような公園が多いのである。

人口減少社会に入り、中心市街地の規模は無理なく縮小させるという方向性を取る必要があるのかもしれない。そういった時に、空いた土地を「アート化」することで、実はもっと魅力的な街の空間を創出できるかもしれない。そして、どうしてもまとまった再開発が必要ならば、その時には事業用地として供給することも選択肢に入ってくる。まさに、オプション的発想をうまく利用した空間づくりなのである。

3　シャッター通りを通り抜ける道筋

ここまでの六つの要素を踏まえて、今後のシャッター通りの再生はどのように行っていけばいいのか。郊外型店舗の拡散防止については、二〇〇七年に施行された新しいまちづくり三法に一定の期待を寄せながらも、地域レベルでできる中心市街地の活性化の具体策について考察して筆をおくこととしたい。

その具体策とは、既に第6章で紹介した和歌山県和歌山市のいくつかの事業であり、まちづくりへの市民の巻き込み方である。一度衰退した街には新規の資本が投下されにくい。収益率が低いと思われる場所で、新たに店を構えたくないという経営者が多いのは事実である。また、衰退して需要が減退した街では、再開発のリスクも高まる。商店街に多額の費用をかけて整備したところで、再度魅力ある場所に再生できる保証は全くない。

本書ではそうした状況を打開するキーワードとして三つのSを紹介したが、それらの手法を活かすも殺すも結局は再生策を動かす組織の力量であり、多くの場合はそれら組織が非営利型であるという点に活路があるのである。

実際に、サブプライムローン問題に端を発した世界同時不況に取り組んだ対策の主体は、

「政府」という「非営利」な組織である。日本では、二〇〇八年から二〇〇九年前半にかけて計四回にわたる経済対策が組まれた。不況期においては、新自由主義経済の論理や民間の論理は、例えば、減税策のように「より企業活動を自由にさせる」というくらいの政策的説得力しかなく、やはりケインズ型の有効需要策が今も生きているのである。

シャッター通りの再生も同じであるが、少し異なるのは、商店街の崩壊が街に及ぼす影響は限られており、その点では公費をつぎ込む必要性が必ずしも明確ではないという点である。自治体が動きにくい中では、NPOなどが主体的に動く必要が出てくる。

今後、日本のまちづくりにおいて重視すべきは、リスクを恐れずに新しく事業を行う姿勢と、十分に地域の特性を理解した上で文化的な都市景観や独自の魅力などの中心市街地の「個性」を活かすための支援策である。古いようで新しいパラダイム転換といえる。

イギリスなどの海外の個性的な街は、その土地にしか存在しない伝統・文化性を帯びており、その無形なるものが長期的な便益を伴っている。つまり、観光（オプション）的な価値を内在している街が多いのである。

この点で、一連のシャッター通り問題はしばらくの間、日本特有の課題として未解決のままになりそうである。アメリカでもイギリスでも同様の問題は発生したが、今は一部の街を除けば再生に成功している。おそらく長期的な展望と短期的な展望の両方に共通して効果をもたらすのが、単発型ではない交流人口の増加策と、土地のよい意味での流動化である。前者は地域での取り組みが可能であるが、後者は土地制度の改革を伴うものなので行政の役割とも関係する。もともと個人の所有地である中心市街地に公共性を見出すことが、この問題を複雑なものにしている。

個人所有の土地の集合体である中心市街地を、公的な理由でなぜ活性化しなければならないのか。この問いに対する答えは容易ではない。しかし、その場所が歴史や文化など、次世代に伝えるべきものを多く備えているからというのが主たる理由ではないだろうか。そして、そういった街が刻む伝統は、地域のみならず日本のアイデンティティや価値を高める。今の土地の所有者は変わっても、過去は、また未来は別の人の土地であり、またそこで伝統や歴史が形成されていく。私達はそんな歴史という無形財産に対して、「公共性」を見出しているのである。それが街のアイデンティティであり、個性の価値を有していることを今まで確認してきた。

現在の地方都市のまちづくりやマスタープランづくりなどは、個性重視を掲げながらも「何が個性なのか」をめぐって一致した見解が得られずに、無難なものに収まる傾向にある。新しいことをやるとリスクがつきまとうので、その失敗を避けるためだ。このような現状を回避するためには、「新しい試み」に対する積極的な評価制度を導入する必要があろう。挑戦した上であれば、失敗してもよいのである。

また、新しいことを実行する上で、日本の土地制度に一定の制限をかける必要もある。まちづくりや都市計画は公的なものであるが、土地は個人のものである。この矛盾を解決するためには、税制などを通じて、できるところから個人がもつ開発権の力を弱めることが必要といえる。例えば、行政などが仲介して一括して借り上げるなど、商店主が誰かに土地や住宅を容易に貸せるようなシステムの構築、また、何も利用しない建物に対しては、居住用固定資産税特例の廃止なども必要かもしれない。土地や家屋の所有者は、かつて高い価値を有した時代を懐かしむあまり、現在の相場の低い賃料を受け入れられない傾向がある。こういった問題に対しても、外部監査人が適正家賃を計測し、また商圏分析などを行うことで市場参入者の受け入れを容易にする必要がある。いずれにせよ、SWOT分析や「地域の遺伝子分類」などを用いた街の状況診断を実施し、できるところから積み上げて、オプション的発想、つまりはあらゆる可能性を考慮して、「ゆっくり施策を進める」という考え方のもとに、街の交流人口を増やす方向性を推奨したい。

今後のまちづくりは不確実性に満ちている。常に様々な可能性を予想しながら、かつ様々な対応策を事前に考えながら、再生事業を行う必要があるのだ。そんな「オプション」(選択肢)を考慮した個性的なまちづくりを徐々に進めていけば、どのような地域でも必ず再生すると確信している。本書が掲げた三つのSである地域性重視の個性創造(Sentimental)、状況診断(Survey)、リスク管理（Security）。こうした基本的な視座をもちながら、コンバージョン型、再開発型、現状維持型、行政主導型の四つのうち、いずれかの再生策もしくはそれらを組み合わせた再生策を実行すればよい。

基本となる再生策を柱にしながら、地元住民が主導する街の魅力再発見策を考案し、また必要な基金の創設などの資金策を実施する。そうすることで、街は自ずと力を発揮し、将来的にはシャッター通りを抜けた先にある、明るくて健全な街の姿に蘇えるだろう。

おわりに

筆者の曽祖父である鈴木貫太郎（終戦時の内閣総理大臣）が戦後真っ先に取り組んだのは、農業を通じてのゆったりとした田園まちづくりであった。鈴木は終戦の三年後に他界したが、残念ながらこの国の個性的な「まちづくり」は経済成長の中で影を潜め、全国各地の街は恐ろしいほど均一化されたように思う。

本来、情緒あふれる木造建築物、山や川、リアス式の海岸、そして四季に恵まれた多彩な風物は、すべて日本の持ち味である。実は私もこのことに気がついたのは、皮肉にもイギリス留学時であった。

私はもともと土地問題に関心があり、イギリス・ケンブリッジ大学大学院での博士号（Ph.D）取得も土地経済学が専門であった。土地市場がおもしろい点は、一般の財とは違ってまるで人間のようにそれぞれに異なる個性があるというところである。つまり、土地にはそれぞれセンチメンタル価値が存在するのである。この住み慣れた土地への愛着心を含む価値をうまく使えば、土地の個性が次世代以降にも残るのではないだろうか。そのように考えたのである。

和歌山市では、地元企業の和島興産が立ち上がり、倒産した中心市街地の旧百貨店跡地を、フォルテワジマという新しい時代の複合商業施設として再生させた。社長の島和代氏はかねてからこの中心市街地に愛着があり、今そんな想いが街に新しい灯をともそうとしている。

個性的な商店街とその背景にあるセンチメンタル価値。まだまだ日本には次の世代に伝えたい商店街がたくさん残っている。現代社会の英知を結集させれば、シャッター通り再生という、困難でもあり、かつ容易な場合もある問題が、解決できるように思う。そんな、消えてしまうかもしれない切ない地域のよさを最大限残す工夫やアイディアを、読者の皆さんに見つけていただけたらこれ以上嬉しいことはない。

本書の出版にあたっては、理論的支柱をご教示いただいたケンブリッジ大学大学院土地経済学研究科のピーター・タイラー教授、カナク・パテル教授に謝意を表したい。また、和歌山大学経済学部教授の大泉英次先生には様々なコメントをいただいた。ご本人も公務や論文原稿などを抱え、お忙しい中であった。感謝は尽きない。さらに、ミネルヴァ書房の磯脇洋平氏にも大変お世話になった。私の原稿をすべてチェックしていただき、読者の読みやすさという観点から様々なアドバイスをいただいた。若く、一生懸命な磯脇氏に心より感謝したい。そして、私にセンチメンタル価値のヒントとなる感受性を授けてくれた父・道彦、母・光代、姉・真理。そして親戚一同と、今は亡き両祖父母。特に、滋賀県長浜市の商店街で呉服店を営み、幼いころにいたずらっ子の私が帰省するたびに最大限の愛を注いでくれて、ひいてはこのテーマを選ぶきっかけをつくってくれた祖母・厚東寿代に感謝したい。

二〇〇九年一一月　冬も真近い和歌山大学からの景色を眺めながら

足立　基浩

参考文献

安達正範・中野みどり・鈴木俊治『中心市街地の再生　メインストリートプログラム』学芸出版社、二〇〇六年。

足立基浩「地方都市活性化策とその評価に関する一考察」和歌山大学経済学会『研究年報』第八号、二〇〇四年。

足立基浩「都市再生の価値と事業評価――事業実施者の評価インデックスの作成」和歌山大学経済学会『研究年報』第一〇号、二〇〇六年。

足立基浩「イギリスの中心市街地活性化に関する分析」和歌山大学経済学会『研究年報』第一一号、二〇〇七年。

足立基浩・森泉陽子・Tiwari Putish「不動産投資・住宅投資活性化に関する研究」土地総合研究所、二〇〇一年。

アドバイザリー会議報告書「中心市街地再生のためのまちづくりのあり方について」二〇〇五年。

刈屋武昭監修、山本大輔『入門リアル・オプション――新しい企業価値評価の技術』東洋経済新報社、二〇〇一年。

川村健一・小門裕幸『サステイナブル・コミュニティ――持続可能な都市のあり方を求めて』学芸出版社、一九九五年。

近畿経済産業局「近畿地域における中心市街地活性化の事業効果に関する調査研究事業」二〇〇五年。

新都市ハウジング協会都市居住環境研究会『歩きたくなるまちづくり――街の魅力の再発見』鹿島出版会、二〇〇六年。

西村幸夫『西村幸夫風景論ノート――景観法・町並み・再生』鹿島出版会、二〇〇八年。

日本建築学会編『中心市街地活性化とまちづくり会社』丸善、二〇〇五年。

日本政策投資銀行地域企画チーム『中心市街地活性化のポイント――まちの再生に向けた26事例の工夫』ぎょうせい、二〇〇一年。

矢作弘「まちづくり三法改正のねらいと土地利用の課題」矢作弘・瀬田史彦編『中心市街地活性化三法改正とまちづくり』学芸出版社、二〇〇六年。

Fairchild, F. R., and Associates "Forest Taxation in the United States", U. S. Department of Agriculture, Misc, Publication, No. 218, Washington : U. S. Government Printing Office, 1935.

Paxon, D., "Troia Resort Real Property Options", presentation paper at Property Research Unit, Cambridge, 1997.

《著者紹介》

足立 基浩（あだち・もとひろ）

1968年　東京都生まれ
現　在　和歌山大学経済学部教授
主　著　『まちづくりの個性と価値――センチメンタル価値とオプション価値』日本経済評論社、2009年（単著）
『住宅問題と市場・政策』日本経済評論社、2001年（大泉英次・橋本卓爾・山田良治との共編著）

慶應義塾大学経済学部卒業後、新聞記者を経てイギリスに留学。2001年ケンブリッジ大学大学院土地経済学研究科にてPh.D（博士号）取得。国内約300か所、海外約15か国での調査をもとに、全国の街の活性化に向けて、経済学や経営学の理論と現場とをつなげるまちづくり論を主に研究している。

大学で教鞭を取る一方、2005年からは和歌山市の中心市街地活性化のために、ゼミの学生や市民とともにオープンカフェ事業やレンタルカフェ事業などを展開している。

シャッター通り再生計画
――明日からはじめる活性化の極意――

2010年4月20日　初版第1刷発行　〈検印省略〉
2014年2月20日　初版第4刷発行

定価はカバーに
表示しています

著　者　足　立　基　浩
発行者　杉　田　啓　三
印刷者　藤　森　英　夫

発行所　株式会社　ミネルヴァ書房
607-8494　京都市山科区日ノ岡堤谷町1
代表電話（075）581-5191／振替口座01020-0-8076

亜細亜印刷・兼文堂

ISBN978-4-623-05717-7
Printed in Japan